U0350876

精选美味
家常菜

我家厨房栏目组◎主编

吉林科学技术出版社

我家厨房栏目组

主　编　朱　琳
编　委　宋　杰　张明亮　蒋志进　刘志刚　杜婷婷　范振峰　王　鹤
顾　问　李铁钢　侯　军

扫一扫 全部二维码视频库

前言
Foreword

  我家厨房栏目是由中央电视台《天天饮食》栏目组原班人马全新打造的，并且在多家卫视平台播出的一档情景剧类美食节目。我家厨房由全能料理王李铁钢、健康营养控李然、时尚星达人杜沁怡组成温馨快乐家庭，在情景剧的环境中轻松教您学做家常菜。

  我家厨房栏目为读者带来了全新的美食烹饪方法。在菜品选择上区别于以往的家常菜品，符合当代人的审美情趣和时尚格调。即使是家常菜肴，也做出了不一样的品相，在原料搭配上下足了功夫，在美食烹饪过程中尽显趣味生活。

  我家厨房系列图书共两本，分别为《我家厨房：精选美味家常菜》和《我家厨房：秘制南北家常菜》。书中菜品按照家庭中比较常见的原料加以分类，由全国知名营养专家、烹饪大师从我家厨房栏目的资源中，精选了近500多款经典菜例，经过重新编辑整理，呈现给广大喜欢美食的朋友们。

  我家厨房系列图书图文并茂，讲解翔实，书中的美味菜式不仅配有精美的成品彩图，还针对制作中的关键步骤，加以分解图片说明，让读者能更直观地理解掌握。另外，我们还对每款菜式配以美观的二维码，您可以用手机或平板电脑扫描二维码，在线观看整个菜品制作过程的视频，真正做到图书和视频的完美融合。

  最后，衷心祝愿我家厨房系列图书能够成为您家庭生活的好帮手，让您轻轻松松地享受烹饪带来的乐趣。

我家厨房栏目组

菜名

菜品特色

第壹章 畜肉

榨菜狮子头 ★色泽淡雅适中，口味软嫩清香★

原料 ★ 调料

原料

猪肉馅500克，榨菜100克，水发香菇75克，马蹄50克，油菜心30克，鸡蛋1个。

调料

葱白、姜块各15克，精盐2小匙，味精、胡椒粉各1小匙，料酒、香油各1大匙，植物油少许。

制作方法

壹 葱白、姜块分别洗净，切成细末；油菜心洗净，切成小段；马蹄洗净，用刀拍碎；水发香菇洗净，切成细丝；榨菜洗净，也切成细丝。

贰 将猪肉馅放入碗中，加入鸡蛋、精盐、味精、料酒、香油、胡椒粉，放入葱末、姜末、马蹄末、香菇丝、榨菜丝搅至上劲，团成大丸子形状。

叁 锅中加入少许植物油烧热，放入葱末、姜末炒香，再加入适量清水烧沸。

肆 放入团好的肉丸 ，盖上盖，转小火炖煮2小时至熟透，再放入油菜心烧沸，即可出锅装碗。

制作步骤图

成品图

花龙骨汤 ★排骨软嫩, 汤汁鲜美★

虫草花适量, 芡实20克, 枸杞10克, 精盐2匙。

制作方法

壹 将大葱择洗干净, 切成小段; 姜块去皮, 用清水洗净, 切成小片。

贰 甜玉米切成小段; 虫草花洗涤整理干净, 切成小块; 芡实洗净; 枸杞子洗净, 用清水浸泡。

叁 将猪排骨放入清水中浸洗干净, 沥干水分, 剁成小段; 锅中加入适量清水, 放入猪排骨段焯烫一下, 捞出沥干水分。

肆 取电紫砂锅 ✦, 放入葱段、姜片、猪排骨段、甜玉米、芡实、虫草花和枸杞子, 加入精盐、味精及适量清水, 盖上盖, 按下养生键炖煮至熟, 即可出锅装碗。

精选美味家常菜

壹 打开手机与平板电脑上的二维码扫描软件

贰 将扫描区域对准本书中菜例所附二维码

叁 扫描完毕后高清晰同步视频即可播放

关键步骤图 　　　　 关键步骤

精选美味家常菜原料篇

◢原料介绍　10
冬瓜/莲藕/香菇/草菇/
猪蹄/牛尾/仔鸡/鸭子/
豆腐/鱼肉/虾肉/贝类/
薏米
◢蔬菜的处理　12
金针菇的处理/
苦瓜的处理/油菜的处理/
西蓝花的处理
◢畜肉的清洗　13
猪肝的处理/猪肚的处理
◢畜肉的加工窍门　13
猪腰去腥窍门/
羊肉巧去腥膻
◢禽蛋豆制品的加工窍门14
巧分蛋黄和蛋清/
油豆皮巧切制
◢禽蛋豆制品的切制　14
鸡胸肉切丝/鸡胗切花刀
◢水产品的初加工　15
蛤蜊的处理/生取蟹肉
◢主食的常用面团　15
热水面团/冷水面团

精选美味家常菜营养篇

◢蛋白质　16
蛋白质的种类/食物来源
◢脂肪　17
好脂肪和坏脂肪/食物来源
◢碳水化合物　17
食物来源/碳水化合物与糖
◢维生素　18

维生素的种类

维生素A/维生素B_1/
维生素B_2/维生素B_6/
维生素B_{12}/维生素C/
维生素D/维生素E/
维生素K/维生素H

精选美味家常菜常识篇

◢家庭常用厨具　20
铁锅/砂锅/厨刀
◢挂糊　21
蛋黄糊的调制/
全蛋糊的调制/
发粉糊的调制/
蛋泡糊的调制
◢上浆　22
鸡蛋清粉浆的处理/
水粉浆的处理/
全蛋粉浆的处理
◢油温　23
低油温/中油温/高油温
◢过油　23
方法一：滑油处理/
方法二：炸油处理
◢走红　24
方法一：水走红/
方法二：油走红/
方法三：糖走红

第一章 蔬菜食用菌

第二章 畜肉

第三章 禽蛋豆制品

第四章 水产品

❄ 第五章 主食 ❄

我国烹饪原料品种繁多，烹饪原料的开发和运用有着悠久的历史。考古资料表明，距今50余万年前，北京猿人已经掌握了把生料烤制成熟食的技术，那些生料即为烹饪原料。在以后漫长的发展历程中，人们不断发现和引进新品种，培育出新良种，加工出新制品。经过不断的筛选，发展至今，烹饪原料已经积累了相当多的数量。据不完全统计，中国烹饪原料总数达到万种以上，常用的也有3000多种。

中国烹调素以择料严谨而著称。清代烹饪理论家袁枚对选料作过论述："凡物各有先天……物性不良，虽易于烹之，亦无味也……大抵一席佳肴，司厨之功居其六，采办之功居其四。"换句话说，美味佳肴的制作取决于厨师烹调水平的高低，而烹调水平的发挥，则在一定程度上决定于菜肴原料的正确选用。由此可见，原料选用是制作菜肴的重要环节。

★ 原料介绍 ★

莲藕

冬瓜

香菇

冬瓜：冬瓜属一年生攀缘草本植物，主要以果实供食用。冬瓜果实中含有少量蛋白质、碳水化合物，维生素C含量较多。此外，还含有胡萝卜素、烟酸，钙、磷、铁等矿物质和纤维素，有清热、润肺、止咳、消痰的功效。

莲藕：莲藕为睡莲科莲属中能形成肥嫩根状茎的栽培种，多年生水生宿根草本植物。莲藕中含有多种营养物质，如蛋白质、脂肪、碳水化合物，钙、磷、铁、钠、钾、镁等矿物质和各种维生素，有消瘀清热、解渴生津、止血健胃的功效。

香菇：香菇是世界著名的食用菌之一，也是一种高蛋白、低脂肪的保健食品。含有30多种酶和18种氨基酸，人体所必需的8种氨基酸，香菇中就含有7种，因此香菇有"菌菜之王"的美称。

草菇：草菇为担子菌纲伞菌目光柄菇科包脚菇属中的一种伞菌，因多在草堆上群生而得名。草菇不仅口味清香，还具有较高的营养价值和药用价值，有补脾益气、清暑热、降血压等功效。

猪蹄 猪蹄细嫩味美，营养丰富，是老少皆宜的烹调食材之一。猪蹄中含有大量胶原蛋白质和少量的脂肪、碳水化合物。另外还含有磷、铁和多种维生素，有通乳脉、滑肌肤、祛寒热的功效。

牛尾 牛尾为黄牛或水牛的尾巴，含有比较丰富的胶原蛋白、脂肪、碳水化合物、B族维生素和多种氨基酸。有益气血、强筋骨、补体虚、滋颜养容等功效，对腰肌劳损、四肢无力、肾虚体弱等症有很好的保健效果。

仔鸡 鸡是养禽业中饲养量最大的家禽，是人类高质量营养食品的重要来源之一。仔鸡的营养价值很高，为高蛋白、低脂肪的美味食材。中医认为，仔鸡有温中益气、补精添髓之功效。

豆腐 豆腐是制作菜肴常用的食材之一，是以大豆（黄豆、黑豆等）为原料，经过多种步骤加工而成。豆腐含有丰富的蛋白质、钙、磷、铁及B族维生素等，有益中气、和脾胃、健脾利湿的功效。

鸭子 鸭子是一种重要的家禽，世界各地普遍饲养。鸭子的营养价值较高，含有人体所需要的多种营养成分，如蛋白质、脂肪、碳水化合物、维生素和矿物质，有滋阴、养胃、利水、消肿的功效。

鸭子

仔鸡

豆腐

鱼肉 鱼的种类很多，一般分为淡水鱼、海水鱼两类。家庭在制作菜肴时，既可以使用整条鱼，也可以去骨取净鱼肉制作。鱼肉营养丰富，对于身体虚弱、脾胃气虚、贫血者有非常好的食疗功效。

虾肉 虾的肉质肥嫩鲜美，食之既无鱼腥味，又没有骨刺，老幼皆宜，备受大众的青睐。虾肉历来被认为既是美味，又是滋补壮阳之妙品。虾肉含有非常丰富的蛋白质和多种维生素，为高蛋白、低脂肪保健佳品。

贝类 贝类的品种有很多，常见的有蛏子、海螺、蛤蜊、毛蚶、牡蛎、海蚌等。贝肉不仅味道鲜美，而且营养全面，富含蛋白质、脂肪、碳水化合物、铁、钙、磷、碘、氨基酸和牛磺酸等，有滋阴、利水、化痰、软坚之功效。

薏米 薏米又称薏仁、薏苡仁，味甘、淡，性微寒，归脾、胃肺经，有健脾利水、利湿除痹、清热排脓、清利湿热之功效，可用于治疗泄泻、筋脉拘挛、屈伸不利、水肿、脚气、肠痈淋浊、白带等症。

【金针菇的处理】

①鲜金针菇一般都是小包装,需要先去掉包装,取出金针菇,放在案板上,切去老根。

②手将金针菇撕成小朵。

③放入清水中漂洗干净(漂洗时可加入少许精盐)。

④捞出金针菇,攥干水分即可。

【苦瓜的处理】

①将苦瓜洗净,沥干水分,切去头尾。

②再顺长将苦瓜一切两半。

③用小勺挖去籽瓤。

④用清水漂洗干净,根据菜肴要求切制即可。

【油菜的处理】

 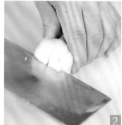  

先将油菜去除老叶。　在根部剖上花刀。　再用清水洗净。　捞出沥干即可。

【西蓝花的处理】

西蓝花去根及花柄(茎)。用手轻轻瓣成小朵。在根部剖上浅十字花刀。放入清水中浸泡并洗净。

猪肝的处理

   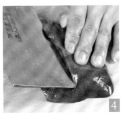

将新鲜的猪肝剔去白色筋膜。

加入适量清水和少许的精盐，揉搓均匀。

用清水冲洗干净，沥干水分，放在案板上。

根据菜肴要求切制成形即可。

猪肚的处理

猪肚洗净表面污物，捞出沥水，翻转过来。

去除肚内的油脂、黏液和污物，用清水洗净。

然后用精盐、碱、矾和面粉揉搓均匀。

再放入清水中漂洗干净即可。

猪腰去腥窍门

①取少许花椒粒放入大碗中，加入适量沸水浸泡10分钟，用小漏勺捞出花椒和杂质，待花椒水晾凉后。

②放入经过各种刀工处理过的猪腰浸泡约3分钟即成。

③除了上面的方法去腥外，我们还可以把加工好的腰花放入碗中，倒入少许白酒后反复捏洗腰花，使白酒能够迅速渗透到腰花内。

④清水洗净，也可以去除腥味。

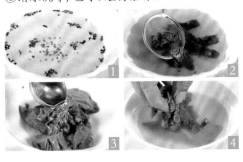

羊肉巧去腥膻

①将萝卜洗净，去皮，切成大块，和羊肉块一起放入冷水锅中，用旺火烧沸，撇去浮沫。

②再转小火煮约30分钟，捞出羊肉块，换清水洗净，然后烹制菜肴，膻味即可去除。

③或者将羊肉洗净，切成大块，放入清水锅中，加入绿豆25克煮沸10分钟，羊肉膻味即除。

④还可以把羊肉洗净，切成块，放入清水锅中，加入米醋煮沸(500克羊肉加入500毫升清水、25克米醋)，捞出羊肉洗净后烹调，膻味即可去除。

巧分蛋黄和蛋清

  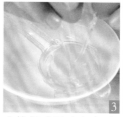 

磕开蛋壳后滤出蛋清。　或把分蛋器架在碗上。　直接把鸡蛋磕在上面。　蛋黄、蛋清可自动分离。

油豆皮巧切制

  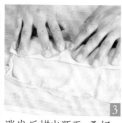 

油豆皮又称豆腐衣。　将油豆皮放入冷水中。　涨发后捞出沥干，叠好。　根据要求切成丝、条、块。

★ 禽蛋豆制品的切制 ★

鸡胸肉切丝

①将鸡胸肉剔去筋膜，洗净，沥干水分。

②放在案板上，先用刀片成大片。

③再用直刀切细，即为鸡肉丝。

④鸡肉丝有粗丝、细丝之分，一般用于炒菜的丝应细些，用于烧烩的丝应粗些。

鸡胗切花刀

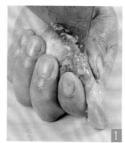 

 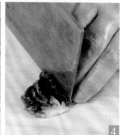

①将鸡胗从中间剖开，清除内部杂质。

②撕去鸡胗内层黄皮和油脂。

③用清水冲净，沥水，剞上一字刀纹。

④再掉转角度，剞上垂直交叉的平行刀纹即可。

14

★ 水产品的初加工 ★

蛤蜊的处理

①将蛤蜊放入清水中浸泡，刷洗干净。

②再放入沸水锅中煮至蛤蜊全部开口后。

③捞出蛤蜊，用冷水过凉，沥去水分，去掉外壳，取出蛤蜊肉。

④再去掉蛤蜊肉杂质，用清水洗净即成。

生取蟹肉

①先用刀面将螃蟹拍晕，迅速揭开蟹盖，去掉蟹鳃等污物。

②用清水洗净，剪下大钳和蟹的小腿。

③再把螃蟹剪开成两半。

④用小刀轻轻挑出蟹肉，大钳剁去两端，捅出蟹腿肉即可。

★ 主食的常用面团 ★

热水面团

将面粉放入盆内或案板上。

一边倒入热水，一边搅拌。

再加入少许冷水，揉搓均匀成面团。

晾凉，再揉匀即成热水面团。

冷水面团

将面粉放入盆内扒一凹窝，慢慢倒入冷水。

边倒冷水边搅拌，使面粉呈小面片状。

加入冷水搅拌成疙瘩状，再揉匀成面团。

然后用湿布盖好，略饧即成。

15

精选美味家常菜 营养篇

　　食物经过消化、吸收，不断供给人体必需的营养物质，以保证机体的正常生长发育、供给能量、维持健康和弥补损失，这些作用的总和称为"营养"。在各种食物中所含的能够供给人体"营养"的有效成分，叫作"营养素"。在此，"营养"理解为一种行为，而"营养素"则是一类物质，两者概念是完全不同的。

　　现代医学研究表明，人体所需的营养素不下百种，其中一些可自身合成、制造，但有些营养素无法自行合成，必须由外界摄取的约有40余种，经细分之后，可概括为七大营养素，分别为蛋白质、脂肪、碳水化合物、矿物质、维生素、水和膳食纤维。

★ 蛋白质 ★

　　蛋白质是人体的必需营养素，具有构成和修复组织、调节生理功能、担当代谢物质和营养素的载体以及提供能量等功效。蛋白质是由20种氨基酸构成的，其中有些氨基酸是人体需要的，但人体不能合成，必须由食物中的蛋白质来供给，这类氨基酸称为"必需氨基酸"；另一类氨基酸也是人体需要，但能在体内合成，不一定通过食物供给，称为"非必需氨基酸"。在此需要说明，"必需氨基酸"与"非必需氨基酸"同等重要，缺少任何一种都不能形成身体所需要的蛋白质。

蛋白质的种类 蛋白质分为完全蛋白质、半完全蛋白质和不完全蛋白质3类。完全蛋白质也称优质蛋白质，此类蛋白质所含必需氨基酸种类齐全、数量充足、比例适合人体的需要，并能够被人体充分吸收利用，营养价值高。半完全蛋白质所含必需氨基酸的种类虽比较齐全，但其数量和比例不适合，营养价值比完全蛋白质差。不完全蛋白质所含的必需氨基酸种类不全，很少被人体利用，大部分经过氧化放出热量即被浪费掉，故营养价值低。

食物来源 蛋白质的食物来源可分为植物性蛋白质和动物性蛋白质两大类。植物蛋白质中，谷类含蛋白质10%左右。豆类含有丰富的蛋白质，氨基酸组成也比较合理，在人体内的利用率较高，是植物蛋白质中非常好的蛋白质来源。蛋类含蛋白质11%～14%，是优质蛋白质的重要来源。肉类蛋白质营养价值优于植物蛋白质，也是人体蛋白质的重要来源。

★ 脂 肪 ★

脂肪是人体必需营养素之一，它与蛋白质、碳水化合物是产能的三大营养素，为构成人体细胞和组织的重要组成部分，是一种富含热能的营养素。脂肪具有供给能量、构成身体成分、供给必需脂肪酸、保护脏器和维持体温、节约蛋白质等多种功效。

好脂肪和坏脂肪 我们常听见有好脂肪和坏脂肪的说法，衡量脂肪营养价值的指标是脂肪的消化吸收率、必需脂肪酸的含量和维生素的含量。植物油如大豆油、花生油等，不饱和脂肪酸的含量高，并含有维生素E、维生素K等，所以营养价值高；部分动物性脂肪，如奶油、蛋黄呈分散细小颗粒状，容易消化吸收，同时含有维生素A、B族维生素、维生素C、维生素D等，所以它们的营养价值也很高；但动物性脂肪中的猪油、牛油、羊油，因其含有的脂肪多为饱和脂肪酸，熔点高，不易消化吸收，不含有维生素，所以营养价值较低。

食物来源 除食用油脂含约100%的脂肪外，含脂肪丰富的食品还有动物性食物和坚果类。动物性食物以畜肉类含脂肪最为丰富，且多为饱和脂肪酸。禽肉一般含脂肪量较低，多数在10%以下。鱼类脂肪含量基本在10%以下，多数在5%左右，且其脂肪含不饱和脂肪酸多，所以老年人宜多吃鱼少吃肉。蛋类中蛋黄脂肪含量高，约为30%。植物性食物中坚果类(如花生、核桃、瓜子等)脂肪含量较高，其脂肪组成多以亚油酸为主，是不饱和脂肪酸的重要来源。

★ 碳水化合物 ★

碳水化合物旧称糖类，是自然界中最为丰富的有机化合物，是绿色植物光合作用的产物。碳水化合物主要以淀粉、糖和纤维素各种不同的形式存在于谷物、粮食、豆类、蔬菜和水果中，在动物性食物中含量很少。碳水化合物是人体热能的主要来源，并且是构成各种组织的重要成分，碳水化合物和蛋白质生成的糖蛋白是构成软骨组织、骨骼和眼球角膜的组成部分。

食物来源 膳食中碳水化合物的来源主要是粮谷类和薯类食物。粮谷类含量为60%～80%，薯类含量为15%～29%，豆类含量为40%～60%。而碳水化合物中单糖和双糖的来源主要是蔗糖、糖果、甜食、糕点、甜味水果、含糖饮料和蜂蜜等。

碳水化合物与糖 随着科学研究的深入，吃过多的糖类对人体健康的危害，越来越引起人们的关注，专家甚至认为，糖是一种白色的毒药，比烟和含酒精的饮料对人体的危害还要大。世界卫生组织调查发现，糖类摄入过多，会导致心脏病、高血压、血管硬化脑溢血及糖尿病等；此外许多儿童疾病也与吃糖过多有关，如软骨症、龋齿、近视、消化道疾病等。糖类摄取量过度会给我们身体造成损伤，但糖类是人类赖以生存的重要物质之一。作为合理饮食的一部分，吃糖如同吃其他东西一样，只要食用适量，是不会有碍健康的。

维生素是维持人体正常生命活动所必需的一类有机化合物，但不是构成各种组织的主要成分，也不是人体内能量的来源，其主要作用是调节人体的物质代谢。人体对各种维生素的需求量虽然不多，每天仅为若干毫克或微克，但由于多数维生素在体内不能自行合成，或虽有少数能在体内由其他物质转化生成，但仍然不能满足人体需要，故必须从食物中摄取，否则会导致新陈代谢某些环节的障碍，影响正常生理功能，甚至引起各种维生素缺乏症。

维生素的种类 维生素旧称维他命，为英文Vitamin的音译。维生素的编号一般是按照发现的时间先后，在维生素之后加上A、B、C、D等拉丁字母来命名；有的是为了纪念对研究维生素有卓越贡献的科学家而命名，如维生素G是以科学家哥德伯格(Goodburger)的名字中的第一个字母G来命名的；有的是取其本身主要药理的第一个字母，如维生素U是医治溃疡病的，而溃疡的英文为"Ulcer"；还有过去发现时以为是一种，后来陆续发现若干种药理作用相似而结构稍有差异的类似物，则在后面右下方注以阿拉伯数字，如维生素B_1、维生素B_2等。

目前已经发现的维生素有40余种，按其溶解性质可分为脂溶性维生素和水溶性维生素两大类。脂溶性维生素只是溶于脂肪而不溶于水，必须经过脂肪溶解，方可被人体吸收，常见的有维生素A、维生素D、维生素E、维生素K等；而水溶性维生素只溶于水而不溶于脂肪，人体内储存很少，摄入量达到饱和后，随尿排出，常见的有维生素B_1、维生素B_2、维生素B_6、维生素B_{12}、维生素PP和维生素C等。

维生素A

维生素A的化学名为视黄醇，是维持一切上皮组织健全所必需的物质，具有促进上皮细胞合成黏蛋白、维持皮肤及黏膜上皮细胞的形态等功能，增强上皮组织对细菌、病毒的抵抗力。

维生素A及维生素A原(胡萝卜素)多来源于动物肝脏、奶油、蛋黄、鱼肝油、河蟹、禽蛋类和有色蔬菜，如胡萝卜、菠菜、莴笋、番茄、油菜和水果中的葡萄、香蕉、柿子、芒果、木瓜、柑橘等。

维生素B_1

维生素B_1因其分子中含有硫和胺，又称为硫胺素，是维生素中最早发现的一种。维生素B_1能刺激肠胃蠕动，促使食物排空而增加食欲；此外还有营养神经、维护心肌、消除疲劳等功能。

维生素B_1广泛存在于天然食物中，但含量随食物种类而异，且受收获、贮存、烹调、加工等条件影响。维生素B_1最为丰富的来源是花生、大豆粉、瘦猪肉；其次为粗粮、小麦粉、小米、玉米、大米等谷类食物；鱼类、蔬菜和水果中含量较少。

维生素B_2

维生素B_2又名核黄素，其主要功能是构成黄酶的辅酶，参加物质代谢，能起到促进细胞的氧化还原作用。此外维生素B_2还参与体内生物氧化与能量生成，提高机体对环境适应能力。

维生素B_2主要来源于动物内脏、禽蛋类、奶类、豆类和新鲜绿叶蔬菜，如菠菜、空心菜、韭菜等。粮谷类的维生素B_2主要分布在谷皮和胚芽中，碾磨加工可丢失一部分维生素B_2。

维生素B₆

维生素B₆在把食物中的蛋白转化成人体内的蛋白质过程中占有很重要的位置，有"主力维生素"之称。维生素B₆参于体内多种酶的反应，可使维生素B₁、维生素PP在人体内发挥作用，促进维生素B₁₂、铁、锌的吸收，可预防肾结石。

维生素B₆的食物来源很广泛，动植物性食物中均含有。通常肉类、全谷类产品(特别是小麦)、蔬菜和坚果类中含量较高，而动物性来源的食物中，维生素B₆的生物利用率高于植物性来源的食物。

维生素B₁₂

维生素B₁₂是一种结构最复杂的维生素，其在体内以两种辅酶形式发挥生理作用，参与体内生化反应。维生素B₁₂在体内主要功能为提高叶酸的利用率，从而促进红细胞的发育成熟。

膳食中的维生素B₁₂来源于动物性食品，主要食物来源为肉类、动物内脏、鱼、禽、贝壳类及蛋类，乳及乳制品中含量较少，植物性食品基本不含维生素B₁₂。

维生素C

维生素C又名抗坏血酸，虽然不含有羧基，但具有有机酸的性质。维生素C的主要功能是参与人体内各种营养素的氧化、还原过程，是人体新陈代谢的必需物质。

人体内不能合成维生素C，因此人体所需要维生素C要靠食物提供。维生素C的主要食物来源是新鲜蔬菜与水果。蔬菜中，辣椒、茼蒿、苦瓜、豆角、菠菜、土豆、韭菜等含量丰富；水果中，酸枣、鲜枣、草莓、柑橘、柠檬等含量较多。

维生素D

维生素D在体内骨骼组织的钙质化过程中起着十分重要的作用。维生素D不仅能促进机体内钙和磷的吸收，还能使钙和磷最终形成骨骼组织的基本部分。

维生素D有两个来源：一为外源性，依靠食物获取；二为内源性，通过阳光照射由人体皮肤产生。维生素D在天然食物中存在并不广泛，植物性食物如蘑菇、蕈类含有维生素D₂，动物性食物中则含有维生素D₃，以鱼肝和鱼油含量最丰富，其次在鸡蛋、乳牛肉、黄油和咸水鱼中含量相对较高，牛乳和人乳的维生素D含量较低。

维生素E

维生素E又名生育酚，其最主要的功能是能阻止不饱和脂肪酸的氧化。脂肪酸、氧气和维生素E三者必须维持平衡稳定，若长期缺乏维生素E，容易发生疾病而导致未老先衰。

维生素E主要存在于植物性食物中，如小麦、玉米、花生油和甘蓝、菠菜等蔬菜；动物性食品中维生素E含量丰富的有牛奶、鸡蛋、鱼肉等。

维生素K

维生素K又叫凝血维生素，主要功能是在肝脏中催化凝血酶原的合成。如人体内缺乏维生素K，肝脏就不能生成凝血醇元，凝血作用减弱，凝血时间延长，严重时发生出血。

维生素K在食物中分布很广，如各种畜禽类的肉和肝脏、蛋黄及绿叶蔬菜和水果等。

维生素H

维生素H又称生物素，为一种重要的生物生长因子，它与体内的物质代谢关系密切，尤其对脂肪合成十分重要。

维生素H广泛存在于各种食物中，其中以肝脏、鸡肉、蛋类、牛奶、新鲜水果和蔬菜等含量较为丰富，但在玉米、小麦中含量较少。

厨房常用工具包含的内容很多，除了一些电器用品，如油烟机、微波炉、冰箱、洗碗机、电饭煲、电磁炉、烤箱等大件外，我们还需要一些基础工具，如铁锅、蒸锅、案板、厨刀、锅铲、漏勺等。

另外，在制作菜肴前，我们还需要掌握一些基础知识，如焯水、过油、汽蒸、走红、上浆、挂糊、勾芡、油温、制汤等。而这些相对专业的用语，对于家常菜的色泽、口感、营养等方面都有非常重要的作用。因此，家庭在制作菜肴时，也需要对这些用语加以了解，从而增加对这些烹调常识的认知，才能在制作家常菜时做到心中有数。

★ 家庭常用厨具 ★

铁锅 铁锅虽然看上去笨重些，但它坚实、耐用，受热均匀，且与人们的身体健康密切相关。用铁锅做菜能使菜中的含铁量增加，补充人体中的铁元素，对贫血等缺铁性疾病有一定的功效。从材质上来说，铁锅可分为生铁锅和熟铁锅两类，均具有锅环薄，传热快，外观精美的特点。

砂锅 砂锅是由陶泥和细砂混合烧制而成的，具有非常好的保温性，能耐酸碱、耐久煮，特别适合小火慢炖，是制作汤羹类菜肴的首选器具。刚买回来的砂锅在第一次使用时，最好煮一次稠米稀饭，可以起到堵塞砂锅的微细缝隙，防止渗水的作用。如果砂锅出现了一些细裂纹，可再煮一次米粥来修复。

厨刀 家用厨刀根据材质不同，主要分为铁制厨刀和不锈钢厨刀两种。其中，不锈钢厨刀是近十几年发展起来的，因其具有轻便、耐用、无锈等特点而越来越受到人们的喜爱。

如果家中只想选购一把厨刀，一般应选夹钢厨刀，既适用于切动物性食材，又适合切植物性食材。其实，为了生食和熟食分用，家庭中最好备有两把以上厨刀，其中一把刀刃锋利，刀身较厚，用于切肉、剁肉；另一把刀身要薄一些，手感要轻一点，主要用于切制蔬菜、水果。

铁锅

砂锅

★ 挂　糊　★

挂糊，就是将经过初加工的烹饪食材，在烹制前用水淀粉或蛋泡糊及面粉等辅助材料挂上一层薄糊，使制成后的菜肴达到酥脆可口的一种技术性措施。

在此要说明的是，挂糊和上浆是有区别的，在烹调的具体过程中，浆是浆，糊是糊，上浆和挂糊是一个操作范畴的两个概念。挂糊的种类较多，常用的有蛋黄糊、全蛋糊、发粉糊、蛋泡糊等。

[蛋黄糊的调制]

①将鸡蛋黄放入小碗中搅拌均匀。

②再加入适量淀粉(或面粉)调匀。

③然后慢慢加入少许植物油。

④再用筷子充分搅拌均匀即可。

[全蛋糊的调制]

鸡蛋磕入碗中，打散成全蛋液。

再加入淀粉、面粉调拌均匀。

[发粉糊的调制]

①发酵粉放入碗内，加入适量清水调匀。

②面粉放入容器内，倒入发酵粉水搅拌均匀。

③再加入少许清水搅匀，静置20分钟即可。

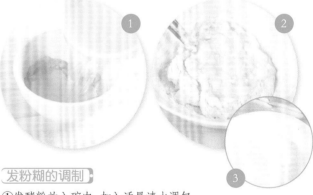

然后加入植物油搅匀即可。

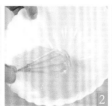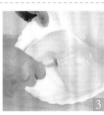

[蛋泡糊的调制]

①将鸡蛋清放入大碗中。

②用打蛋器沿同一方向连续抽打。

③抽打至蛋清均匀呈泡沫状。

④再加入适量淀粉，轻轻搅匀即可。

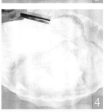

★ 上 浆 ★

上浆就是在经过刀工处理的食材上挂上一层薄浆,使菜肴达到滑嫩的一种技术措施。经过上浆后的食材可以保持嫩度,美化形态,保持和增加菜肴的营养成分,还可以保留菜肴的鲜美滋味。上浆的种类较多,依上浆用料组配形式的不同,可分为鸡蛋清粉浆、水粉浆、全蛋粉浆等。

鸡蛋清粉浆的处理

食材洗净,揩干水分,放入碗中。

再加入适量的鸡蛋清稍拌。

然后放入少许淀粉(或面粉)。

充分抓拌均匀即可。

水粉浆的处理

①将淀粉和适量清水放入碗中调成水粉浆。

②将食材(如鸡肉)洗净,切成细丝,放入小碗中。

③加入适量的水粉浆拌匀上浆即可。

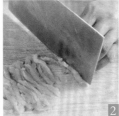

全蛋粉浆的处理

①食材(里脊片)洗净,放入碗中,磕入整个鸡蛋。

②先用手(或筷子)轻轻抓拌均匀。

③再放入适量淀粉(或面粉)搅匀。

④然后加入少许植物油拌匀即可。

★ 油 温 ★

低油温

即油温三四成热，其温度为90℃～120℃，直观特征为无青烟，油面平静，当浸滑食材时，食材周围无明显气泡生成。

中油温

即油温五六成热，温度为150℃～180℃，直观特征为油面有少许青烟生成，油从四周向锅的中间徐徐翻动，浸炸食材时食材周围出现少量气泡。

高油温

即油温七八成热，其温度为200℃～240℃，直观特征为油面有青烟升起，油从中间往上翻动，用手勺搅动时有响声。浸炸食材时，食材周围出现大量气泡翻滚并伴有爆裂声。

★ 过 油 ★

过油是将加工成形的食材放入油锅中加热至熟或炸制成半成品的处理方法。过油可缩短烹调时间，或多或少地改变食材的形状、色泽、气味、质地，使菜肴富有特点。过油后加工而成的菜肴，具有滑、嫩、脆、鲜、香的特点，并保持一定的艳丽色泽。在家庭烹调中，过油对调节饮食内容，丰富菜肴风味等都有一定的帮助。

过油要求的技术性比较强，其中，油温的高低、食材处理情况、火力大小的运用、过油时间的长短、食材与油的比例关系等都要掌握得恰到好处，否则就会影响菜肴的质量。根据油温和形态的不同，过油主要分为滑油和炸油两种。

方法一：滑油处理

滑油又称拉油，是将细嫩无骨或质地脆韧的食材切成较小的丁、丝、条、片等，上浆后放入四五成热的油锅中滑散至断生，捞出沥油。

滑油要求操作速度快，尽量使食材少损失水分，成品菜肴有滑嫩、柔软的特点。

方法二：炸油处理

炸油又称走油，是将改刀成形的食材挂糊后，放入七八成热的油锅中炸至一定程度的过程。炸油操作速度的快慢、使用的油温高低要根据食材或品种而定。一般来说，若食材形状较小，多数要炸至熟透；若食材形状较大，多数不用炸熟，只要表面炸至上色即可。

23

★ 走 红 ★

走红又称酱锅、红锅，是将一些动物性食材，如家畜、家禽等，经过焯水、过油等初步加工后，进行上色、调味等进一步热加工的方法。

走红不仅能使食材上色、定形、入味，还能去除某些食材的腥膻气味，缩短烹调时间。按传热媒介的不同，走红主要分为水走红、油走红和糖走红三种。

方法二：油走红

油走红是先在食材表面涂抹上一层有色或加热后可生成红润色泽的调料(如酱油、甜面酱、糖色、蜂蜜、饴糖等)，经油煎或油炸后使食材上色的一种方法，主要适用于形状较大或整只、整条的食材。

①将食材(带皮猪五花肉)的肉皮上涂抹上酱油。

②净锅置火上，加入植物油烧热，将五花肉肉皮朝下放入油锅中。

③快速冲炸至猪肉皮上色，捞出沥油即可。

方法一：水走红

水走红是将经过焯水或过油的食材放入由调料(酱油、料酒、白糖、红曲米、清水)熬煮成的汤汁中，用小火加热使食材鲜艳上色，一般适用于小型食材。

水走红的具体做法与酱汤煮差不多，但酱是将食材放入汤汁中以成熟为主要目的，而走红则是以着色为目的。

①将食材(猪舌)洗涤整理干净，放入沸水锅中焯烫一下，捞出冲净，沥干水分。

②将酱油、料酒、红曲米、白糖和适量清水放入碗中调成酱汁。

③再将调好的酱汁倒入清水锅中烧沸。

④然后放入焯好的食材(猪舌)煮至上色即可。

方法三：糖走红

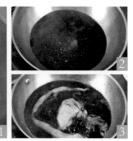

糖走红是将白糖(或红糖)放入净锅中，上火烧至熔化，再加适量清水稀释或直接将食材放入锅中，炒煮至上色。糖走红的操作简单方便，用途比较广泛，很适于家常菜肴的烹制。

①净锅置火上，加入适量白糖，用中小火熬至白糖熔化。

②再加入适量清水烧煮至沸。

③然后放入食材(大肠)煮至上色即可。

第一章

蔬菜食用菌

♥蔬菜食用菌♥　　畜 肉　　禽蛋豆制品　　水产品　　主 食

简单的酿皮 ★色泽美观，鲜辣浓香★

原料 ★ 调料

面粉	200克
淀粉	150克
黄瓜丝	80克
烤麸	50克
黄豆芽	30克
干红辣椒碎	20克
蒜泥	15克
精盐	1/2小匙
白糖	1/3小匙
芝麻酱	3大匙
陈醋	4小匙
芥末油	少许
植物油	适量

制作方法

壹 将淀粉、面粉放入盆中拌匀，加入适量清水❶调匀成糊状。

贰 锅中加入适量清水烧沸，倒入淀粉糊搅炒均匀至熟，出锅倒入抹油的深盘中，入锅蒸10分钟至熟，取出晾凉，切成薄片。

叁 烤麸用清水泡发，切成小条；黄豆芽洗净，放入沸水锅中焯熟，捞出过凉，沥干水分。

肆 将蒜泥、干红辣椒碎分别放入2个碗中，均浇入热油炸出香味。

伍 将炸好的蒜泥中加入芝麻酱、陈醋、白糖、精盐、芥末油调匀成味汁。

陆 将酿皮片放入盘中，再放入黄瓜丝、烤麸条、黄豆芽，浇上味汁，淋入辣椒油即可。

牛肉末烧小萝卜 ★萝卜软嫩清香,牛肉鲜浓适口★

原料 ★ 调料

小萝卜500克,牛肉末150克,青蒜50克。

花椒粒10克,精盐1大匙,味精1小匙,酱油、水淀粉各3大匙,米醋5小匙,料酒2小匙,植物油适量。

制作方法

壹 青蒜择洗干净,斜刀切成小段;小萝卜用清水洗净,沥干水分,切成滚刀块。

贰 锅中加入植物油烧至七成热,放入小萝卜块炸至表面微黄,捞出沥油。

叁 锅中留底油烧至六成热,先下入花椒粒用小火炸香,再放入牛肉末煸炒均匀。

肆 然后加入料酒、酱油、精盐、米醋、味精及适量清水烧沸,用水淀粉勾芡❶,最后放入小萝卜块、青蒜段翻炒均匀,即可出锅装盘。

浪漫藕片 ★ 色形美味，酸甜适口 ★

原料 ★ 调料

莲藕400克，紫甘蓝350克，柠檬1个。

白醋4小匙，蜂蜜2小匙。

制作方法

壹 将紫甘蓝洗净，切成小块，放入粉碎机中，加入少许清水打碎，过滤后取汁。

贰 倒入大碗中，再加入白醋、蜂蜜搅拌均匀成味汁；柠檬洗净，切成片。

叁 莲藕去皮，洗净，切成薄片，放入沸水锅中焯熟，捞出过凉、沥水。

肆 放入调好的味汁中浸泡，再放入几片柠檬片❶，入冰箱中冷藏约2小时，装盘上桌即可。

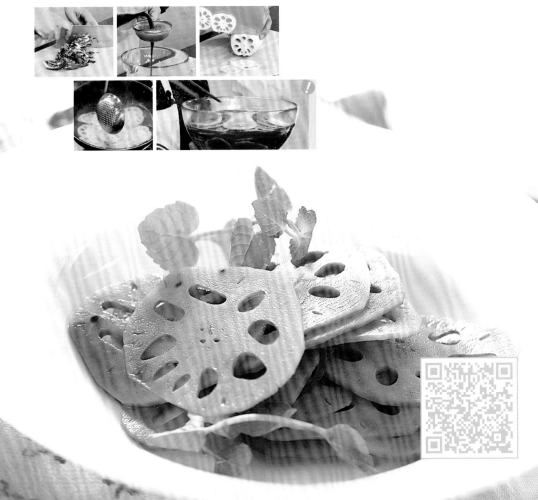

蒜蓉番茄 ★ 红黄相映, 蒜香味美 ★

原料 ★ 调料

番茄 (西红柿) 300克, 海米 15克。

蒜瓣30克, 酱油少许, 米醋 2小匙, 植物油1大匙, 香油1 小匙。

制作方法

壹 将海米去掉杂质, 用清水浸泡并洗净, 捞出海米, 沥净水分; 蒜瓣剥去外皮, 用清水洗净, 沥净水分, 剁成细蒜蓉。

贰 番茄去蒂, 洗净, 擦净水分, 先切成两半, 再切成薄片, 码放在盘内。

叁 净锅置火上, 加入植物油烧至五成热, <u>放入海米炸成海米油</u>❗。

肆 出锅倒在小碗内, 加入酱油、米醋、蒜蓉、香油搅匀成味汁, 浇在番茄片上即可。

姜汁炝芦笋 ★色泽美观，营养丰富★

原料 ★ 调料

芦笋100克，广东香肠50克，彩椒、百合各适量。

姜末15克，精盐、味精、白糖、胡椒粉、淀粉、植物油各适量。

制作方法

壹 将芦笋去掉根，削去老皮，用清水洗净，切成小段；广东香肠切成薄片；彩椒洗净，切成小条；百合洗净，放入清水中浸泡一下，捞出沥水。

贰 锅中加入适量清水、精盐烧沸，放入香肠、芦笋焯烫一下，捞出沥干。

叁 百合放入碗中，加入姜末、精盐、白糖、胡椒粉、味精、水淀粉及少许清水调匀成味汁。

肆 净锅置火上，加入适量植物油烧至六成热，放入烫好的芦笋段、香肠片稍炒。

伍 倒入调好的味汁！翻炒均匀，撒上彩椒条炒匀，出锅装盘即成。

鱼香脆茄子

★ 茄子酥脆，鱼香浓郁 ★

原料 ★ 调料

圆茄子	400克
青椒	50克
红椒	50克
姜丝	10克
蒜末	10克
葱花	5克
精盐	2小匙
味精	适量
淀粉	3大匙
白糖	1/2大匙
豆瓣酱	1/2大匙
酱油	1/2大匙
米醋	1大匙
料酒	1大匙
水淀粉	1大匙
植物油	适量

制作方法

壹 青椒、红椒分别去蒂和籽，洗净，沥干水分，切成小条；茄子去皮，洗净，沥去水分，切成条。

贰 茄条放入清水盆中❗，加入精盐拌匀，浸泡10分钟，捞出茄条，攥干水分，加入淀粉拌匀。

叁 将酱油、料酒、米醋、白糖、味精、葱花、姜丝和少许蒜蓉放入碗中调匀成味汁。

肆 锅置火上，加入植物油烧热，放入茄子条炸至浅黄色，捞出；再放入青红椒条滑炒一下，捞出沥油。

伍 锅中留底油，复置火上烧至六成热，放入豆瓣酱和调好的味汁炒匀。

陆 用水淀粉勾薄芡，撒入剩余的蒜末，倒入炸好的茄子条和青红椒条炒匀，出锅装盘即可。

油吃鲜蘑 ★ 色泽淡雅，软嫩清香 ★

原料 ★ 调料

鲜蘑100克，黄瓜50克，胡萝卜30克，银耳20克。

姜块、葱段、精盐、味精、白糖、胡椒粉、橄榄油、植物油各适量。

制作方法

壹 将鲜蘑去根，洗净，撕成小片；银耳用清水浸泡一下，去根，撕成小朵。

贰 黄瓜洗净，对半切开，去除瓜瓤，片成小片，加入精盐腌一下；胡萝卜洗净，切成象眼片；姜块去皮，洗净，切成细末。

叁 取小碗，加入姜末、精盐、味精、胡椒粉、白糖、小葱、橄榄油拌匀，再浇入热油成味汁。

肆 锅中加入适量清水烧沸，放入鲜蘑、胡萝卜、银耳焯烫至熟，捞出沥干。

伍 锅中留底油烧至六成热，放入鲜蘑、黄瓜、胡萝卜、银耳略炒，倒入味汁炒匀❗，出锅装盘即可。

家常素丸子

★ 外酥里嫩, 鲜咸可口 ★

原料 ★ 调料

土豆、胡萝卜各100克, 泡粉丝75克, 洋葱50克, 香菜15克, 鸡蛋1个。

面粉75克, 淀粉5小匙, 精盐1小匙, 五香粉、香油、胡椒粉、植物油各适量。

制作方法

壹 洋葱剥去外皮, 用清水洗净, 切成碎末; 香菜洗净, 切成末; 胡萝卜、土豆分别去皮, 用清水洗净, 擦成细丝; 泡粉丝沥水, 切成碎末。

贰 将洋葱末、香菜末、胡萝卜丝、土豆丝和粉丝末放在容器内, 加入精盐拌匀, 攥去水分, 再放入鸡蛋液、面粉和淀粉拌匀。

叁 然后加入香油、五香粉、胡椒粉充分搅拌均匀成馅料; 取少许调好的馅料, 用手团成直径2厘米大小的素丸子。

肆 净锅置火上, 加入植物油烧热, 放入素丸子生坯炸至熟脆, 捞出沥油, 装盘上桌❶即可。

萝卜干腊肉炝芹菜 ★色泽美观, 香辣鲜香★

原料 ★ 调料

芹菜250克, 腊肉100克, 咸萝卜干80克, 红辣椒30克, 青蒜20克。

葱末、姜末各5克, 红泡椒碎1大匙, 味精1/2小匙, 白糖、酱油各1小匙, 醪糟4小匙, 植物油2大匙。

制作方法

壹 腊肉刷洗干净, 放入蒸锅内, 用旺火蒸熟, 取出晾凉, 切成小长片; 青蒜去根, 择洗干净, 切成小粒; 红辣椒洗净, 切成小条。

贰 芹菜择洗干净, 切成小段, 放入沸水锅内焯烫一下, 捞出沥水, 放入盘内。

叁 锅置火上, 加入植物油烧至六成热, 下入葱末、姜末、红泡椒碎炒出香辣味❗。

肆 再放入咸萝卜干翻炒一下, 放入腊肉片, 加入醪糟、酱油、白糖炒匀。

伍 然后放入青蒜粒、红辣椒条翻炒均匀, 加入味精, 出锅放在盛有芹菜段的盘中, 上桌即可。

虾油粉丝包菜 ★虾油味浓, 鲜咸辣香 ★

原料 ★ 调料

圆白菜、粉丝、净虾头各250克。

葱段、姜片各少许, 大蒜3瓣（拍碎）, 花椒5克, 干红辣椒3个, 精盐、味精各1/2小匙, 酱油1小匙, 料酒2大匙, 植物油适量。

制作方法

壹 圆白菜剥去外层老帮, 用清水洗净, 沥水, 去掉中间菜根, 切成丝; 粉丝用清水浸泡至软, 捞出沥净水分; 虾头冲洗干净, 沥干水分。

贰 锅置火上, 加入植物油烧至六成热, 下入虾头炸出虾油, 把虾油滗入碗中 ④, 再放入干红辣椒、花椒、葱段、姜片、蒜瓣炒出香味。

叁 烹入料酒, 加入适量清水、酱油、精盐烧沸, 放入粉丝稍煮。

肆 加入味精, 放入圆白菜丝炒至断生, 出锅倒入烧热的砂煲中, 加热后淋上少许熬好的虾油, 上桌即可。

洋芋礤礤 ★ 色泽美观，软嫩鲜香 ★

原料 ★ 调料

土豆（洋芋）…… 250克
红椒…………… 适量
胡萝卜………… 适量
甘蓝…………… 适量
火腿丝………… 适量
面粉…………… 100克
葱末…………… 5克
姜末…………… 5克
蒜末…………… 5克
精盐…………… 2小匙
胡椒粉………… 少许
料酒…………… 1大匙
香油…………… 1小匙
植物油………… 2大匙

制作方法

壹 土豆削去外皮，用清水浸泡并洗净，用礤丝器擦成粗丝，放入清水中浸泡片刻以去掉部分淀粉，捞出沥水，放入盘中，加入面粉调拌均匀。

贰 将红椒、胡萝卜、甘蓝分别择洗干净，均切成细丝 ❶；蒸锅置火上，加入清水烧沸，放入土豆丝蒸5分钟，取出。

叁 净锅置火上，加入植物油烧至六成热，下入葱末、姜末和蒜末炝锅出香味。

肆 再放入红椒丝、火腿丝、胡萝卜丝和甘蓝丝煸炒片刻，烹入料酒，加入胡椒粉、土豆丝、精盐、味精炒匀，淋入香油，出锅装盘即可。

炝拌三丝 ★ 三色相间，酸甜椒香 ★

原料 ★ 调料

白萝卜200克，胡萝卜、土豆各100克。

精盐2小匙，白糖1大匙，米醋2小匙，花椒油4小匙。

制作方法

壹 白萝卜去根，削去外皮，洗净，切成细丝；胡萝卜、土豆分别去皮，洗净，切成细丝。

贰 锅中加入适量清水烧沸，下入白萝卜丝、胡萝卜丝、土豆丝焯烫一下，捞出过凉，沥干水分，装入大碗中。

叁 再加入精盐、白糖、米醋和烧热的花椒油搅拌均匀 ❗，即可上桌。

朝鲜辣酱黄瓜卷 ★造型美观, 鲜辣浓香★

原料 ★ 调料

黄瓜、胡萝卜各1根, 白梨1个, 熟芝麻少许。

蒜蓉5克, 精盐1/2大匙, 朝鲜甜辣酱、香油各3小匙。

制作方法

壹 胡萝卜去根, 洗净, 切成细丝, 加入精盐腌制片刻, 攥干水分。

贰 取小碗, 加入甜辣酱、香油、少许精盐调匀, 再放入胡萝卜丝、熟芝麻拌匀。

叁 白梨洗净, 削去外皮, 切成细丝; 黄瓜洗净, 用刮皮刀刮成长条片。

肆 黄瓜片铺平, <u>放上少许胡萝卜丝、梨丝卷成卷</u> ❗, 逐个卷好, 码入盘中, 即可上桌。

糖醋素排骨

★ 外酥香, 里软嫩, 酸甜适口 ★

原料 ★ 调料

莲藕250克, 青椒、红椒各30克, 水发木耳25克, 鸡蛋1个。

大葱、姜块各10克, 精盐少许, 酱油1大匙, 白糖、白醋各3大匙, 水淀粉1大匙, 面粉4大匙, 淀粉2大匙, 植物油适量。

制作方法

壹 大葱、姜块洗净, 改刀切成片; 水发木耳撕小块 ❗; 青椒、红椒去蒂、去籽, 洗净, 切成小块。

贰 将莲藕去掉藕节, 削去外皮, 洗净, 切成条; 面粉、淀粉、鸡蛋、清水及少许植物油放入碗中拌匀成糊。

叁 净锅置火上, 加油烧热, 将藕条蘸上面糊, 放入油锅内炸至色泽金黄, 再倒入青、红椒略炒一下, 捞出沥油。

肆 锅中留底油烧至六成热, 下入葱片、姜片炒出香味, 再加入酱油、白醋、白糖、精盐及少许清水烧沸。

伍 用水淀粉勾芡, 然后放入炸好的藕条及蔬菜翻炒均匀, 即可出锅装盘。

青椒炒土豆丝 ★ 家常菜式, 鲜咸辣香 ★

原料 ★ 调料

土豆350克, 青椒、红椒各50克。

干红辣椒, 花椒各少许, 精盐2小匙, 味精少许, 白醋1大匙, 植物油2大匙。

制作方法

壹 净土豆削去外皮, 用清水冲洗干净, 捞出沥净水分, 先切成薄片, 再改刀切成细丝 ❶, 放入清水中浸泡; 青椒、红椒去蒂、去籽, 洗净, 沥干水分, 切成细丝。

贰 净锅置火上, 加入适量清水烧沸, 倒入土豆丝焯烫一下, 捞入凉水中浸泡。

叁 净锅复置火上, 加入植物油烧热, 放入花椒炸出香味, 再放入干红辣椒, 用小火煸炒出香辣味。

肆 然后放入土豆丝、青、红椒丝、精盐快速翻炒均匀, 再加入白醋、味精调味, 即可出锅装盘。

酸辣魔芋丝 ★ 魔芋软滑，酸辣浓香 ★

原料 ★ 调料

魔芋丝	150克
金针菇	100克
芹菜	适量
干香菇	20克
榨菜末	适量
香菜	适量
花生碎	15克
熟芝麻	10克
葱末	5克
姜末	5克
蒜末	5克
精盐	1/2小匙
豆瓣酱	2大匙
酱油	1小匙
米醋	4小匙
辣椒油	1大匙
植物油	1大匙

制作方法

壹 干香菇放入粉碎机中打成粉，放入碗中，倒入开水搅匀、泡发；芹菜、香菜分别择洗干净，切成末；金针菇去根，洗净。

贰 锅置火上，加入植物油烧热，放入豆瓣酱炒熟，再下入葱末、姜末、蒜末炒香。

叁 然后放入榨菜末、泡好的香菇粉，加入酱油及适量清水煮沸。

肆 再加入精盐，放入魔芋丝烫熟，捞出魔芋丝，放入大碗中，最后放入金针菇煮1分钟，捞入魔芋丝碗中。

伍 锅中加入米醋、辣椒油、香菜末、芹菜末、葱末、姜末、蒜末调匀，出锅浇在魔芋丝、金针菇碗中❗，撒上花生碎、熟芝麻即成。

回锅菜花 ★色泽美观，鲜辣香浓★

原料 ★ 调料

菜花150克，五花肉100克，香菇50克，青蒜少许。

葱末、姜末、蒜末各10克，精盐、味精、白糖、米醋、甜面酱、豆瓣酱、香油、植物油各适量。

制作方法

壹 菜花洗净，切成小朵，放入淡盐水中浸泡片刻；锅中加入适量清水烧沸，放入菜花焯烫一下，捞出沥干。

贰 五花肉洗净，切成薄片；香菇去蒂，洗净，切成小块；青蒜洗净，切成小段。

叁 锅上火，加入植物油烧至六成热，放入五花肉略炒一下，再放入香菇、葱末、姜末、蒜末、红椒丁炒至变色，然后加入豆瓣酱、甜面酱，放入菜花炒匀❶。

肆 再加入白糖、米醋、香油、味精、精盐调味，撒上青蒜，淋入香油，即可出锅装盘。

丁藕丸子

★ 香滑软嫩，清香适口 ★

原料 ★ 调料

莲藕200克，鲜香菇75克，鸡蛋1个。

葱段、姜片各5克，面粉2大匙，精盐、白糖、蚝油各1小匙，味精、胡椒粉、苏打粉各少许，酱油2小匙，植物油适量。

制作方法

壹 鲜香菇用清水浸泡并洗净，捞出沥水，去掉菌蒂，切成丁；莲藕去掉藕节，削去外皮，用清水浸泡并洗净，沥净水分。

贰 将莲藕先切成长段，再切成片，最后改刀切成细丝，放在碗内，加入胡椒粉、苏打粉、精盐、味精、鸡蛋、面粉及少许植物油搅拌均匀成馅料。

叁 净锅置火上烧热，加入少许植物油，放入葱段、姜片和香菇丁炒香，再加入酱油、蚝油、胡椒粉、白糖、味精和清水烧至收汁，出锅备用。

肆 用调制好的馅料裹住香菇丁成丸子，再放入油锅内炸至金黄色❗，捞出沥油，装盘上桌即可。

奶油番茄汤 ★番茄嫩香, 酸咸微辣★

原料 ★ 调料

西红柿150克, 洋葱50克, 牛奶适量, 面包30克。

精盐1小匙, 味精1/2小匙, 番茄酱2大匙, 黑胡椒少许, 黄油、植物油各适量。

制作方法

壹 将西红柿洗净, 放入沸水中略烫一下, 捞出后去皮, 切成小丁; 将洋葱用清水洗净, 沥干水分, 切成小丁; 面包切成小丁❶。

贰 平锅中加入少许植物油烧至七成热, 下入面包丁煎至酥脆, 捞出沥油。

叁 锅中加油烧热, 下入洋葱丁略炒, 再加入番茄酱、黑胡椒、精盐、味精及适量清水煮沸, 然后放入西红柿丁煮匀。

肆 关火后装入碗中, 加入牛奶, 放入面包丁、黑胡椒及少许黄油搅匀, 即可上桌。

蚕豆奶油南瓜羹 ★色泽美观, 甜润清香 ★

原料 ★ 调料

南瓜200克, 鲜蚕豆150克, 牛奶240克, 面粉15克, 枸杞子少许。

冰糖45克, 黄油1大匙。

制作方法

壹 南瓜去皮、去瓤, 洗净, 切成方块, 放入蒸锅中蒸8分钟, 取出。

贰 鲜蚕豆去皮, 洗净, 放入清水锅中烧沸, 煮约5分钟至熟, 关火后加入牛奶调匀。

叁 将奶汁滗出一部分, 剩余奶汁和蚕豆放入粉碎机中, 加入冰糖粉碎成浆, 倒入奶汁中。

肆 净锅置火上, 加入黄油烧至熔化, 放入面粉用小火炒香, 再倒入蚕豆浆, 转大火不停地搅动。

伍 烧沸后倒入大碗中, <u>放入蒸好的南瓜块</u>❗, 撒上枸杞子, 上桌即可。

鸡汁芋头烩豌豆 ★ 色泽淡雅, 鲜香适口 ★

原料 ★ 调料

芋头	300克
豌豆粒	100克
鸡胸肉	50克
鸡蛋	1个
葱段	10克
姜片	10克
精盐	1小匙
胡椒粉	1小匙
料酒	2小匙
水淀粉	1大匙
植物油	2大匙

制作方法

壹 将豌豆粒洗净, 沥水; 芋头洗净, 放入锅中蒸30分钟至熟, 取出去皮, 切成滚刀块。

贰 鸡胸肉洗净, 切成小块, 放入粉碎机中, 加入葱段、姜片、鸡蛋液、料酒、胡椒粉、适量清水打成鸡汁。

叁 锅置火上, 加入植物油烧热, 倒入打好的鸡汁不停地搅炒均匀。

肆 再放入芋头块, 加入精盐炖煮5分钟, 然后放入豌豆粒烩至断生。

伍 用水淀粉勾芡, 加入胡椒粉推匀, 倒入砂煲中, 置火上烧沸, 原锅上桌即可。

珊瑚苦瓜 ★苦瓜脆嫩，酸辣适中★

原料 ★ 调料

苦瓜250克，干红辣椒15克，柠檬皮10克，熟芝麻5克。

葱丝、姜丝各15克，精盐1小匙，味精少许，白糖2小匙，白醋1大匙，香油2大匙，植物油适量。

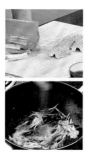

制作方法

壹 将苦瓜去蒂，洗净，切开后去瓤，切成小条，放入碗中，加入少许精盐拌匀，腌20分钟，取出沥去水分，切成细丝。

贰 将柠檬皮洗净，切成细丝；干红辣椒去蒂，洗净，剪成细丝。

叁 锅中加入少许植物油、香油烧热，放入干红辣椒丝、葱丝、姜丝、柠檬皮丝炒出香味，盛入碗中。

肆 将苦瓜丝挤干水分，放入大碗中，先加入熟芝麻、白糖、味精、白醋拌匀。

伍 再倒入炸好的葱丝、姜丝、干红辣椒丝 ❗、柠檬丝调拌均匀，装盘上桌即可。

椒麻土豆丸

★ 外酥香，里软滑，椒麻浓香 ★

原料 ★ 调料

土豆400克，鸡蛋1个，芝麻适量。

大葱30克，精盐1小匙，味精少许，花椒粉3小匙，淀粉2大匙，料酒2小匙，植物油适量。

制作方法

壹 大葱择洗干净，加入精盐剁成葱泥，放入碗中，再加入花椒粉拌匀成椒麻料。

贰 土豆去皮，洗净，放入蒸锅中蒸熟，取出晾凉，碾成土豆泥。

叁 土豆泥放入大碗中，加入鸡蛋液、少许清水、椒麻料、淀粉、料酒搅拌均匀。

肆 将拌好的土豆泥挤成小丸子❗，滚沾上芝麻成土豆丸子生坯。

伍 锅中加入植物油烧热，下入土豆丸子生坯炸至金黄色，捞出沥油，装盘上桌即可。

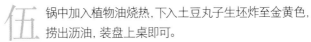

八宝炒酱瓜 ★ 色泽美观, 营养均衡 ★

原料 ★ 调料

酱香瓜150克, 肥瘦肉丁50克, 胡萝卜35克, 青椒、红椒各25克, 荸荠丁、核桃仁、花生仁各少许。

大葱、姜块各10克, 胡椒粉、白糖、味精各少许, 酱油、料酒各1大匙, 香油2小匙, 植物油2大匙。

制作方法

壹 大葱、姜块分别洗净, 均切成末; 青椒、红椒去蒂、去籽, 洗净, 均切成小丁。

贰 胡萝卜去皮, 洗净, 沥去水分, 切成小丁; 酱香瓜洗净, 也切成小丁。

叁 净锅置火上, 加入植物油烧至六成热, 先下入姜末煸炒出香味, 再放入肥瘦肉丁炒至半干❗。

肆 然后放入花生仁、核桃仁、荸荠丁和胡萝卜炒匀, 加入料酒、酱油、清水、胡椒粉、白糖调味。

伍 最后加入味精, 转大火收汁, 放入青椒丁、红椒丁、酱瓜丁翻炒均匀, 撒上葱末, 淋上香油, 出锅装盘即可。

酱拌茄子

★ 茄条软滑, 酱香浓郁 ★

原料 ★ 调料

长茄子500克, 洋葱50克, 紫苏30克。

葱末、姜末、蒜末各10克, 精盐、花椒油各2小匙, 味精1/2小匙, 白糖1大匙, 酱油3大匙, 芝麻酱4大匙, 米醋2大匙, 蚝油、香油各少许, 植物油适量。

制作方法

壹 将长茄子放在小火上烤熟, 再放入清水中浸泡一下, 捞出去皮, 撕成条状。

贰 将洋葱去皮, 用清水洗净, 切成细丝; 紫苏择洗干净, 切成细丝。

叁 芝麻酱放入大碗中, 先加入香油、米醋搅匀, 再加入酱油、精盐、白糖、蚝油调拌均匀。

肆 然后放入茄子条 ❶, 淋入花椒油、香油调拌均匀, 最后放入洋葱丝、紫苏丝、葱末、姜末、蒜末搅拌均匀, 即可装盘上桌。

家常藕夹 ★ 藕夹外酥里香, 酱汁鲜辣味浓 ★

原料 ★ 调料

莲藕	300克
猪肉末	75克
水发木耳	30克
红尖椒	25克
青尖椒	25克
葱末	20克
姜末	20克
大蒜	2瓣
精盐	1小匙
香油	1小匙
面粉	4小匙
米醋	4小匙
淀粉	4大匙
泡打粉	2小匙
白糖	2小匙
酱油	1/2小匙
豆瓣酱	2大匙
料酒	2大匙
水淀粉	1大匙
植物油	适量

制作方法

壹 猪肉末放入碗中, 加入料酒、精盐、葱末、姜末、淀粉、少许清水调拌均匀成馅料。

贰 青尖椒、红尖椒洗净, 切成菱形小片; 水发木耳去蒂, 洗净, 撕成小朵; 莲藕削去外皮, 洗净, 切成薄片, 撒入淀粉调拌均匀。

叁 碗中加入2小匙淀粉、面粉、泡打粉、1小匙植物油和少许清水调匀成稀糊。

肆 取一片藕片, 放上少许猪肉馅料抹平, 再盖上一片藕片成藕夹。

伍 锅置火上, 加入植物油烧至六成热, 下入裹匀面糊的藕夹炸至熟嫩 ❶, 取出沥油, 摆入盘中。

陆 锅中留底油烧热, 放入豆瓣酱、葱末、蒜瓣(拍裂)煸炒片刻, 再加入料酒、米醋、酱油、白糖炒匀。

柒 然后淋入香油, 放入木耳、青红椒块、少许清水烧沸, 用水淀粉勾芡, 出锅浇在藕夹上即可。

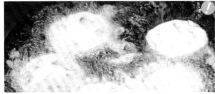

鸡汁土豆泥 ★色泽美观，软滑奶香★

原料 ★ 调料

土豆400克，鸡胸肉100克，西蓝花20克，青豆10克，枸杞子少许。

葱段、姜片各5克，精盐、味精、白糖各少许，胡椒粉1/2小匙，白葡萄酒、牛奶各4大匙，水淀粉2小匙。

制作方法

壹 将西蓝花去蒂，取小花瓣洗净，放入沸水锅内焯烫一下，捞出用冷水过凉，沥净水分。

贰 将土豆洗净，放入清水锅内，用旺火煮至熟嫩，取出土豆晾凉，剥去外皮。

叁 将熟土豆放在容器内压成土豆泥，加入精盐、味精、牛奶搅匀，用平铲把土豆泥抹平，点缀上焯熟的西蓝花。

肆 将葱段、姜片、鸡胸肉放入搅拌机中，加入清水、胡椒粉、白葡萄酒、白糖、精盐和味精，用中速打碎成鸡汁，取出，放入烧热的锅内煮沸。

伍 再加入青豆和枸杞子调匀，用水淀粉勾芡，出锅成鸡汁，浇在土豆泥上即可。

巧炒醋熘白菜

★ 传统家常菜品，口味酸咸辣香 ★

原料 ★ 调料

大白菜心400克。

干红辣椒8克，葱花、姜末各5克，精盐少许，白糖、料酒、水淀粉各1大匙，酱油1/2小匙，米醋2大匙，植物油适量。

制作方法

壹 大白菜心洗净，切成坡刀片；干红辣椒放入小碗中，加入清水浸泡。

贰 锅中加入植物油烧热，先放入白菜帮煸炒，再放入白菜叶炒干水分，盛出。

叁 碗中加入米醋、酱油、料酒、精盐、白糖、少许清水调匀成味汁。

肆 锅置火上，加入少许植物油烧热，先下入干红辣椒、葱花、姜末炒香。

伍 再烹入调好的味汁，用水淀粉勾芡 ❶，然后放入白菜片翻熘均匀，出锅装盘即可。

丝瓜烧塞肉面筋 ★ 丝瓜软滑, 肉筋香鲜 ★

原料 ★ 调料

丝瓜200克, 猪肉馅150克, 面筋、草菇各100克, 柠檬4片, 枸杞子少许, 鸡蛋1个。

葱段、姜块各10克, 精盐2小匙, 胡椒粉、水淀粉各少许, 料酒1大匙, 味精、香油、植物油各适量。

制作方法

壹 丝瓜削去外皮, 洗净, 切成滚刀块, 放入清水中, 再放入柠檬片浸泡片刻, 捞出丝瓜块沥水; 草菇用清水浸泡并洗净, 沥净水分, 切成小块; 葱段、姜块均切成末。

贰 猪肉馅放入碗中, 加入葱末、姜末、鸡蛋液调匀, 再加入胡椒粉、精盐、料酒、香油搅匀上劲; 面筋打个洞, 把肉馅塞进去, 放入蒸锅中, 用旺火蒸3分钟, 取出。

叁 净锅置火上, 加入植物油烧至六成热, 先下入葱末、姜末煸炒出香味。

肆 再放入草菇块, 烹入料酒, 放入丝瓜块❗, 加入适量清水、面筋、精盐、味精和胡椒粉烧沸。

伍 盖上盖焖2分钟, 然后放入枸杞子炒匀, 用水淀粉勾芡, 出锅装盘即可。

奶油时蔬火锅 ★培根香浓, 汤汁浓白 ★

原料 ★ 调料

培根、洋葱、青椒条、红椒条、西芹段、金针菇、蘑菇条、西蓝花、南瓜片、菠菜段、魔芋丝各适量。

精盐1大匙, 面粉2小匙, 黄油适量, 牛奶200克。

制作方法

壹 将培根切成小方片; 洋葱去皮, 用清水洗净, 沥干水分, 切成细末。

贰 锅置火上, 加入黄油烧至熔化, 放入培根片煸炒出香味, 取出。

叁 锅中放入洋葱末炒香, 再加入面粉炒干, 然后倒入牛奶烧沸。

肆 再加入精盐、味精调好口味, 倒入砂锅中 ⚠, 放入炒好的培根片, 随带各种蔬菜上桌涮食即可。

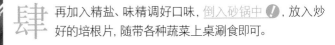

双瓜熘肉片

★ 色泽美观, 营养丰富 ★

原料 ★ 调料

西瓜皮	100克
黄瓜	100克
猪里脊肉	50克
木耳	20克
葱花	10克
姜片	10克
蒜片	10克
精盐	2小匙
味精	1小匙
白糖	1大匙
胡椒粉	1/2小匙
香油	少许
水淀粉	适量
植物油	适量

制作方法

壹 将西瓜皮去掉外层青皮, 斜刀切成小块 ❶; 黄瓜洗净, 去瓤, 切成斜刀片; 木耳用清水浸泡至涨发, 换清水洗净, 撕成大块。

贰 西瓜块、黄瓜块一同放入碗中, 加入少许精盐拌匀, 腌渍出水分。

叁 猪里脊肉洗净, 切成薄片, 放入碗中, 加入少许精盐、白糖、淀粉抓匀上浆。

肆 锅置火上, 加入适量清水烧沸, 放入猪肉片略烫一下, 捞出沥水。

伍 锅中加入适量植物油烧热, 放入葱花、姜片、蒜片炒香, 再加入适量清水、精盐、白糖、胡椒粉烧沸。

陆 然后放入木耳块、猪里脊肉片、双瓜片略烧, 用水淀粉勾芡, 淋入香油, 出锅装盘即可。

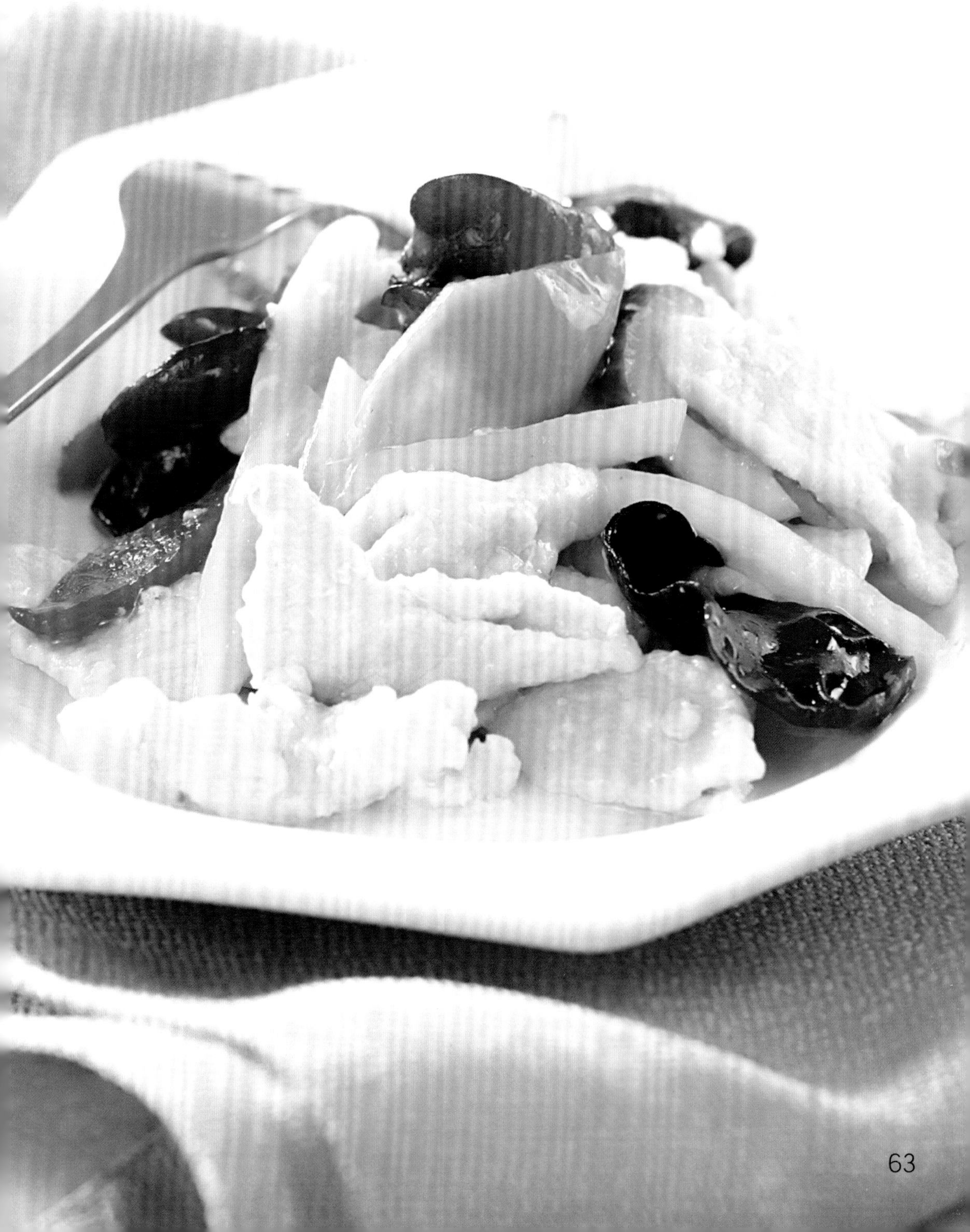

樱桃炒三脆 ★ 口感脆嫩, 酸甜味浓 ★

原料 ★ 调料

樱桃100克, 莲藕、山药、荸荠各50克, 山楂25克, 陈皮、甘草各10克。

姜末10克, 冰糖、精盐、水淀粉、植物油各适量。

制作方法

壹 山药洗净, 放入蒸锅内蒸至熟嫩, 取出, 剥去外皮, 切成小块; 莲藕去掉藕节, 削去外皮, 洗净, 切成小片; 荸荠洗净, 切成小片。

贰 取一大碗, 加入米醋、适量清水, 放入山药块、莲藕、荸荠浸泡一下, 捞出; 莲藕片、荸荠片、山药块放入沸水锅中焯烫一下, 捞出过凉。

叁 锅中加入植物油烧至五成热, 放入山药、莲藕、荸荠、樱桃略炒, 用水淀粉勾芡, 出锅装盘。

肆 锅中加入适量清水, 放入甘草、陈皮、山楂片、樱桃煮沸, 再加入冰糖、精盐, <u>转小火熬煮至黏稠</u> ❗, 倒入山药盘内, 上桌即成。

粉蒸南瓜 ★ 色泽黄润，软糯清香 ★

原料 ★ 调料

南瓜200克，牛肉100克，粉丝适量，豌豆50克，鸡蛋2个。

精盐、味精、海鲜酱油、白糖、花椒粉、米醋、五香粉、香油、淀粉各适量。

制作方法

壹 南瓜去皮，洗净，切成细条，放入碗中，加入适量清水、米醋浸泡5分钟，捞出沥干。

贰 牛肉剔去筋膜，洗涤整理干净，切成细条，放入碗中，加入精盐、味精、淀粉、鸡蛋液抓匀上浆。

叁 净锅置火上，加入植物油烧至六成热，放入粉丝炸透，捞出沥油。

肆 将南瓜条、牛肉条放入碗中，加入海鲜酱油、花椒粉、五香粉、精盐、白糖、香油及少许清水调匀，再放入炸好的粉丝、豌豆拌匀，腌渍2分钟。

伍 蒸锅置火上，加入适量清水烧沸，放入拌好的南瓜条，用旺火蒸约15分钟 ❗，关火后取出南瓜条，撒上葱花，淋上少许烧热的香油，即可上桌。

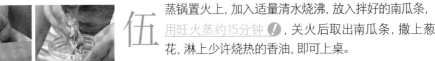

65

素咕咾肉 ★ 红润清亮，酸甜适口 ★

原料 ★ 调料

油条、山药各200克，菠萝（罐头）50克，青椒、红椒各30克。

精盐1小匙，胡椒粉少许，白糖、番茄酱、水淀粉各1大匙，米醋2小匙，植物油适量。

制作方法

壹 青椒、红椒分别去蒂、去籽，洗净，均切成三角块；菠萝取出，切成小片；山药去皮，用清水洗净，放入蒸锅中蒸熟，取出晾凉，碾成山药泥。

贰 将山药泥放入容器中，加入淀粉、精盐和少许清水调拌均匀；油条用剪刀纵向剪开，把山药泥酿入油条中，再切成小段。

叁 将精盐、白糖、米醋、番茄酱、胡椒粉、菠萝汁放入碗中调匀成味汁。

肆 净锅置火上，加入植物油烧热，放入油条山药段炸至金黄色，捞出沥油。

伍 锅中留底油烧热，倒入调好的味汁❗，再放入菠萝块翻炒均匀，用水淀粉勾芡，然后放入炸好的油条山药段和青椒块、红椒块炒匀，出锅装盘即可。

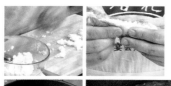

第二章

畜 肉

♥ 畜 肉 ♥

蔬菜食用菌　　禽蛋豆制品　水产品　主 食

肉羹太阳蛋 ★造型美观，软滑浓香★

原料 ★ 调料

猪肉馅	250克
荸荠	150克
鸡蛋（液）	3个
小西红柿	适量
油菜心	适量
豌豆	适量
小葱	2根
姜块	1小块
精盐	2小匙
生抽	1小匙
蚝油	1小匙
料酒	1大匙
胡椒粉	少许
水淀粉	适量
香油	适量

制作方法

壹 将猪肉馅放入搅拌器内 ❶，先加入料酒、精盐、香油和胡椒粉，再加入1个鸡蛋液、一杯清水、小葱、姜块，用中速搅打成蓉。

贰 荸荠去掉外皮，用清水洗净，轻轻拍碎（或切成片），放入打好的肉蓉内搅拌均匀，取出，放在容器内。

叁 将2个鸡蛋液轻轻倒在打拌好的肉蓉上，再放入洗净的小西红柿加以点缀。

肆 蒸锅内加入清水烧沸，把肉羹太阳蛋放入锅中，蒸约8分钟至熟，取出。

伍 将蒸肉的原汁倒入净锅中，加入蚝油、酱油、胡椒粉、生抽、精盐、味精、青菜和豌豆烧沸。

陆 再用水淀粉勾玻璃芡，出锅浇在蒸好的肉羹太阳蛋上即可。

新派蒜泥白肉 ★ 创新家常菜肴, 软嫩爽滑蒜香 ★

原料 ★ 调料

猪五花肉1块 (约750克),
黄瓜150克, 芹菜、红尖椒、
芝麻各少许。

大蒜50克, 精盐少许, 白
糖、花椒粉、香油各2小匙,
酱油1大匙, 辣椒油2大匙。

制作方法

壹 芹菜择洗干净, 切成细末; 红尖椒去蒂、去籽, 洗净, 沥
干水分, 切成末; 大蒜剥去外皮, 洗净, 拍碎, 再剁成蒜
蓉, 放入小碗中。

贰 加入芹菜末、红尖椒末、辣椒油、香油、芝麻、酱油、花
椒粉和白糖调匀成味汁; 黄瓜洗净, 沥净水分, 放在案
板上, 用平刀法片成大薄片。

叁 猪五花肉洗净血污, 放入清水锅中烧沸, 转小火煮至熟
嫩, 捞出晾凉, 切成长条薄片。

肆 将切好的白肉片放在黄瓜片上, 用筷子卷好成筒形 ❗,
码放入盘中, 浇淋上调拌好的蒜泥味汁, 上桌即可。

苦瓜炒牛肉 ★牛肉软滑，苦瓜清香★

原料 ★ 调料

牛肉200克，苦瓜100克，鸡蛋3个，牛奶适量。

姜末15克，精盐、米醋各2小匙，胡椒粉、味精各1小匙，白糖1大匙，豆豉2大匙，香油、植物油适量。

制作方法

壹 将苦瓜去蒂、去籽，洗净，切成小片，放入碗中，加入少许精盐拌匀。

贰 锅中加入适量清水烧沸，放入苦瓜片焯烫一下，捞出沥干；牛肉洗净，切成小片，放入碗中，加入胡椒粉、米醋、水淀粉及少许清水拌匀上浆。

叁 姜末放入小碗中，加入精盐、白糖、米醋、味精、香油及少许清水调匀成味汁；鸡蛋磕入碗中，加入少许精盐、料酒、牛奶搅拌均匀。

肆 锅中加入植物油烧热，放入牛肉片炒香，再放入豆豉，倒入鸡蛋液略炒❗，然后放入苦瓜片，倒入调好的味汁翻炒均匀，即可出锅装盘。

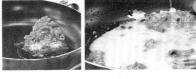

芋薯扣肉

★ 荤素搭配,软糯浓香 ★

原料 ★ 调料

猪五花肉1大块,荔浦芋头、糯米饭各200克,红薯150克。

葱段、姜片、桂皮、八角各少许,精盐、料酒各2大匙,甜面酱2小匙,酱油1大匙,白糖1小匙,香油、植物油各适量。

制作方法

壹 将猪五花肉刮洗干净,沥干水分,皮朝下放入热锅内煎至肉皮紧绷、发黄时,取出沥油。

贰 红薯去皮,洗净,切成小丁;芋头去皮,洗净,切成人片,放入热油锅中炸至上色,捞出芋头片,沥去油分。

叁 锅中留底油,复置火上烧热,加入白糖和少许清水炒至溶化,倒入料酒,再加入酱油、八角、桂皮、葱段、姜片和适量清水,放入猪五花肉块煮约40分钟,取出。

肆 锅中汤汁滤去杂质,加入甜面酱炒匀,再放入糯米饭和红薯丁炒拌均匀,盛出。

伍 将晾凉的<u>五花肉块切成大片</u> !,和芋头片间隔地码放入碗中,再填上拌好的糯米饭,放入蒸锅中,用旺火蒸约1小时,取出,扣入盘中,淋上香油,即可上桌。

丝瓜绿豆猪肝汤 ★猪肝软滑, 鲜咸清香★

原料 ★ 调料

鲜猪肝200克, 丝瓜100克, 绿豆、胡萝卜、香菜各少许, 鸡蛋清1个。

葱末、姜末、蒜末各5克, 精盐、味精、胡椒粉、淀粉、料酒、香油、植物油各少许。

制作方法

壹 鲜猪肝剔去筋膜, 洗净, 切成小片, 加入淀粉、料酒、胡椒粉、鸡蛋清搅匀上浆; 绿豆放入碗中, 加入清水浸泡至软。

贰 丝瓜去蒂、去皮, 用清水洗净, 切成菱形片; 胡萝卜洗净, 切成菱形片; 香菜择洗干净, 切成段。

叁 锅置火上, 加入植物油烧热, 下入葱末、姜末、蒜末炒香, 再放入丝瓜片、胡萝卜片煸炒。

肆 然后放入绿豆❗, 加入开水烧沸, 放入猪肝片煮熟, 加入精盐、味精调味, 淋入香油, 出锅盛入碗中, 撒上香菜段即可。

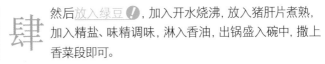

沙茶牛肚煲

★ 牛肚嫩滑, 酱汁浓香 ★

原料 ★ 调料

牛肚	500克
洋葱	75克
鲜香菇	50克
西芹	25克
红柿子椒	25克
姜片	25克
葱段	15克
蒜片	10克
蚝油	1大匙
料酒	1大匙
沙茶酱	2大匙
酱油	少许
胡椒粉	少许

制作方法

壹 将牛肚去掉油脂, 放入清水中浸泡并洗净杂质, 再放入高压锅内, 加入葱段、姜块和适量清水, 置火上压约1小时, 捞出牛肚, 用冷水过凉, 切成片。

贰 洋葱剥去外皮, 洗净, 沥干水分, 切成小条; 红椒、西芹分别洗净, 均切成片; 鲜香菇用沸水烫熟, 捞出晾凉, 切成大块❶。

叁 姜片、蒜片和少许洋葱条放入烧热的油锅内煸炒片刻出香味, 倒入香菇块、牛肚块一同煸炒片刻, 烹入料酒炒出香味。

肆 再加入沙茶酱、蚝油、胡椒粉、酱油、西芹、红柿子椒翻炒均匀。

伍 砂煲置火上, 底部垫上洋葱, 倒入炒好的牛肚, 盖上盖, 淋上料酒稍焖, 离火上桌即可。

京味洋葱烤肉 ★操作方便，肥牛嫩香★

原料 ★ 调料

肥牛片400克，洋葱150克。

大葱25克，姜块15克，小葱花5克，精盐、白糖各1小匙，味精、香油各少许，酱油、甜面酱、烤肉酱各1大匙，植物油2大匙。

制作方法

壹 大葱去根和老叶，洗净，切成小块；姜块去皮，洗净，切成丝；肥牛片放在容器内，加入酱油、精盐、胡椒粉、味精和香油调拌均匀。

贰 再加入姜丝、葱块和植物油充分搅拌均匀，腌渍入味；洋葱剥去外皮，用清水洗净，沥净水分，切成洋葱圈。

叁 净锅置旺火上，加入少许植物油烧热，把腌好的肥牛片先加入甜面酱、烤肉酱拌匀。

肆 再下入锅内，用筷子轻轻拨散，待肥牛片翻炒至变色后，关火后取出。

伍 净锅复置火上烧热，放入洋葱圈炒至变软，淋上少许香油，放入肥牛片稍炒片刻，离火出锅，装入盘中，撒上小葱花即可。

香辣美容蹄 ★猪蹄软嫩，香辣味浓★

原料 ★ 调料

猪蹄2个，莲藕50克，芝麻少许。

葱花、姜片、蒜片各适量，精盐少许，料酒、酱油各1大匙，香油2小匙，火锅调料1大块。

制作方法

壹 猪蹄去净绒毛，洗净，剁成大块，放入沸水锅中焯烫一下，捞出沥水；莲藕削去外皮，去掉藕节，洗净，切成片。

贰 净锅复置火上，加入植物油烧热，下入葱段、姜片、蒜瓣煸炒出香味，出锅垫在砂锅内。

叁 锅置火上烧热，放入火锅调料、料酒、清水和酱油，盖上盖后用旺火烧沸 ❗，出锅倒在高压锅内，再放入猪蹄块，置火上压约20分钟至猪蹄块熟嫩。

肆 捞出猪蹄块，放在垫有葱姜蒜的砂锅内，加入莲藕片和焖猪蹄的原汤，上火用中火煮沸，撒上芝麻即成。

家常叉烧肉 ★色泽红亮，甜润甘香★

原料 ★ 调料

猪里脊肉750克。

葱段20克，姜片、蒜片各15克，精盐1/2小匙，料酒4大匙，白糖、酱油、红曲米各1大匙，蜂蜜2小匙，植物油2大匙。

制作方法

壹 猪里脊肉洗净，剞上一字刀，切成大块，放在容器内，加入酱油、精盐、料酒、葱段、姜片拌匀，腌制20分钟。

贰 净锅置火上，加入植物油烧热，下入腌好的肉，用小火将两面煎至发干 ⓘ，取出，再放入腌肉用的葱段、姜片、蒜片，用旺火煸炒出香味。

叁 然后烹入料酒，加入酱油、红曲米、少许精盐、白糖和清水煮沸。

肆 再倒入肉块，转小火炖约1小时至肉块熟烂，改用旺火收汁，加入蜂蜜调匀，出锅晾凉，改刀切成片即成。

培根豆沙卷 ★色泽金黄, 酥香味美★

原料 ★ 调料

培根200克, 细豆沙馅料适量, 面粉100克, 芝麻少许, 鸡蛋2个。

苏打粉1小匙, 芥末、酱油、沙拉酱、植物油各适量。

制作方法

壹 培根洗净, 放在案板上, 用刀一分为二, 将细豆沙馅料挤在培根片的一端, 卷起成培根卷。

贰 将面粉、苏打粉、植物油、鸡蛋液一同放入碗中, 搅匀成脆皮糊; 将芥末、酱油、沙拉酱放入小碗中, 调拌均匀成酱汁。

叁 净锅置火上, 加入植物油烧至六成热, 将培根卷先沾上一层脆皮糊, 再裹匀芝麻, 放入油锅内炸至熟透。

肆 待培根卷呈金黄色时, 捞出沥油, 码放在盘内, 与调好的酱汁一同上桌蘸食即可。

羊肉香菜丸子

★ 羊肉丸子软滑，口味鲜咸浓香 ★

原料 ★ 调料

羊肉馅	150克
豆泡	100克
胡萝卜	1根
净菜心	70克
香菇	50克
香菜	2棵
鸡蛋	1个
葱末	10克
姜末	10克
葱段	5克
姜片	5克
精盐	1/2大匙
胡椒粉	1小匙
料酒	1大匙
淀粉	2小匙
香油	少许
植物油	适量

制作方法

壹 胡萝卜洗净，切成末；香菇去蒂，洗净，切成小粒；香菜择洗干净，切成末。

贰 羊肉馅放入碗中，加入胡萝卜末、香菜末、香菇粒、鸡蛋液搅匀。

叁 再加入葱末、姜末、料酒、胡椒粉、精盐、香油、淀粉搅拌至上劲，制成小丸子。

肆 锅置火上，加入少许植物油烧热，下入葱段、姜片炒香，倒入适量清水烧沸。

伍 再放入羊肉丸子、豆泡，用旺火煮5分钟，加入少许胡椒粉、精盐调味。

陆 然后放入净菜心，离火出锅，倒入砂锅中 ❗，置旺火上续煮2分钟，原锅上桌即可。

香干回锅肉 ★荤素搭配，香辣鲜咸★

原料 ★ 调料

五花肉400克，香干50克，青椒、红椒各25克，青蒜50克。

大葱、姜块各10克，味精少许，豆瓣酱1大匙，甜面酱、白糖各1小匙，料酒2小匙，植物油2大匙。

制作方法

壹 五花肉刮净绒毛，用清水浸泡并洗净，捞出沥净水分，改刀切成大块。

贰 净锅置火上，加入清水和五花肉煮约20分钟，捞出晾凉，改刀切成片。

叁 青椒、红椒去蒂，洗净，切成小块；香干切成片；大葱洗净，切成段；青蒜去根，切成段；姜块去皮，切成片。

肆 净锅置火上，加入植物油烧热，放入葱段、姜片煸香出味，再放入豆瓣酱炒熟，然后放入五花肉片煸炒片刻。

伍 再放入香干片，加入料酒、甜面酱、白糖调味，最后放入青、红椒、青蒜和味精翻炒均匀 ❗，出锅装盘即可。

海带结红烧肉 ★五花肉浓香，海带结嫩滑★

原料 ★ 调料

猪五花肉1块(约500克)，海带结200克。

大葱、姜块、蒜瓣各15克，陈皮、桂皮、八角、花椒各少许，精盐2小匙，味精1小匙，料酒、植物油各适量。

制作方法

壹 猪五花肉洗净，切成块，海带结浸洗干净；大葱择洗干净，切成段；姜块去皮，洗净，切成片；蒜瓣去皮，洗净。

贰 锅中加油烧热，下入白糖炒至暗红成糖色，再烹入料酒，放入五花肉翻炒均匀至上色 ❶，出锅装盘。

叁 锅再上火，加油烧热，先下入大蒜、葱段、姜片煸炒出香味，再加入八角、桂皮、花椒、陈皮水及适量清水，放入海带结煮至微沸。

肆 然后加入精盐、味精调好口味，再放入猪五花肉烧沸，盖上锅盖，转小火烧约40分钟至五花肉熟烂，且收浓汤汁，即可出锅装盘。

金沙蒜香骨

★ 蒜味浓郁, 排骨嫩香 ★

原料 ★ 调料

猪排骨750克, 菠萝100克, 芹菜丁、青椒圈、红椒圈各少许。

大蒜100克, 精盐2小匙, 淀粉、面粉各3大匙, 五香粉1小匙, 植物油适量。

制作方法

壹 大蒜去皮, 洗净后拍碎, 放在碗内, 加入清水调匀; 菠萝切成片; 猪排骨洗净, 剁成大块。

贰 排骨块、菠萝片放入容器内, 加入泡大蒜的水、精盐、五香粉腌制20分钟; 将淀粉、面粉、少许植物油和适量清水调匀成淀粉面糊。

叁 将排骨中的菠萝挑出, 倒出多余的水分, 放入淀粉面糊中搅匀。

肆 净锅置火上, 加油烧热, 放入蒜末炸出香味, 出锅, 放入小碗内, 加入精盐、味精、芹菜丁和青红椒圈搅匀。

伍 锅中加油烧至六成热, <u>放入排骨炸约5分钟至熟</u> ❗, 取出码盘, 倒上炸好的蒜蓉即可。

果酱猪排 ★色泽红润清亮，口味甜润浓香★

原料 ★ 调料

猪排800克，洋葱50克。

苹果酱4大匙，番茄酱、白兰
地酒、酱油各2大匙、精盐1
小匙，黑胡椒、蜂蜜2小匙，
黄油、植物油各适量。

制作方法

壹 将猪排放入清水中浸泡去血水，捞出冲净，沥干水分，取电压力锅，放入猪排，加入适量清水压制15分钟至排骨软烂，出锅装盘。

贰 洋葱洗净，切成小丁，放入粉碎机中，加入苹果酱、番茄酱、酱油、白兰地酒、精盐、蜂蜜打成酱汁。

叁 锅中加入植物油、黄油烧至七成热，放入压熟的排骨煎至金黄 ，出锅装盘，撒上黑胡椒粒，刷上调好的酱汁，即可上桌。

精选美味家常菜

新派孜然羊肉 ★ 羊肉软嫩, 清香味美 ★

原料 ★ 调料

羊腿肉	400克
熟花生米	25克
芝麻	少许
青椒	15克
红椒	15克
西红柿	1/2个
芹菜	25克
葱段	50克
精盐	少许
味精	少许
白糖	1小匙
孜然	2小匙
辣椒粉	1大匙
料酒	2大匙
酱油	2小匙
淀粉	2大匙

制作方法

壹 将西红柿去蒂, 洗净, 切成大块; 芹菜洗净, 切成小段, 放入高压锅内。

贰 再放入葱段、料酒、酱油、白糖、洗净的羊腿肉和清水, 压约20分钟至熟。

叁 取出羊肉, 切成大块, 撒上淀粉拍匀; 青椒、红椒去蒂及籽, 洗净, 切成碎末。

肆 净锅置火上烧热, 加入孜然和芝麻, 用小火翻炒片刻出香味。

伍 加入辣椒粉调匀, 再加入精盐、白糖、味精和青、红椒末调匀, 出锅成味料。

陆 煎锅置大火上加热, 放入羊肉块煎约5分钟, 取出羊肉块, 改刀切成小条。

柒 将羊肉条码放在盘内, 撒上炒好的味料 ❶, 再撒上剁碎的花生米即可。

日式照烧丸子 ★ 色泽红亮，口味浓鲜 ★

原料 ★ 调料

猪肉馅300克，鸡蛋1个，面粉20克，芝麻少许。

葱末、姜末各10克，精盐、味精各少许，胡椒粉、淀粉各1小匙，蚝油2小匙，白兰地酒1/2小匙，酱油、蜂蜜各2大匙，植物油适量。

制作方法

壹 将猪肉馅剁成细泥，放入大碗中，磕入鸡蛋，加入胡椒粉、葱末、姜末、面粉、淀粉和精盐，用筷子搅拌均匀，制成丸子。

贰 取小碗，加入酱油、白兰地酒、味精、蚝油调拌均匀成照烧酱汁。

叁 锅中加入植物油烧热，放入丸子炸约5分钟至熟❗，捞出沥油，装入盘中。

肆 浇淋上调拌好的照烧酱汁，撒上炒好的熟芝麻，即可上桌。

炒烤羊肉 ★ 色泽美观，软嫩鲜香 ★

原料 ★ 调料

羊肉300克，香菜100克。

大葱25克，姜块10克，精盐、味精各1/2小匙，胡椒粉、白糖各1小匙，酱油2大匙，米醋、淀粉各2小匙，料酒1大匙，香油少许，植物油3大匙。

制作方法

壹 大葱去根，取葱白部分，切成丝；姜块去皮，洗净，切成丝；香菜去根和老叶，用清水洗净，切成小段。

贰 羊肉洗净，切成薄片，放在碗内，加入料酒、酱油、精盐、胡椒粉、淀粉、白糖和植物油拌匀，腌制8分钟。

叁 净锅置火上，加入少许植物油烧至八成热，放入羊肉片爆炒后捞出。

肆 控出锅内多余的汤汁，改用旺火烧热炒锅，再放入羊肉片，加入味精、葱丝、姜丝、香菜段炒匀 ✔ ，淋入米醋和香油调匀，出锅装盘即可。

榨菜狮子头 ★色泽淡雅适中, 口味软嫩清香★

原料 ★ 调料

猪肉馅500克, 榨菜100克, 水发香菇75克, 马蹄50克, 油菜心30克, 鸡蛋1个。

葱白、姜块各15克, 精盐2小匙, 味精、胡椒粉各1小匙, 料酒、香油各1大匙, 植物油少许。

制作方法

壹 葱白、姜块分别洗净, 切成细末; 油菜心洗净, 切成小段; 马蹄洗净, 用刀拍碎; 水发香菇洗净, 切成细丝; 榨菜洗净, 也切成细丝。

贰 将猪肉馅放入碗中, 加入鸡蛋、精盐、味精、料酒、香油、胡椒粉, 放入葱末、姜末、马蹄末、香菇丝、榨菜丝搅至上劲, 团成大丸子形状。

叁 锅中加入少许植物油烧热, 放入葱末、姜末炒香, 再加入适量清水烧沸。

肆 放入团好的肉丸 ❗, 盖上盖, 转小火炖煮2小时至熟透, 再放入油菜心烧沸, 即可出锅装碗。

虫草花龙骨汤 ★排骨软嫩，汤汁鲜美★

原料 ★ 调料

猪排骨500克，虫草花适量，甜玉米50克，芡实20克，枸杞子10克。

大葱15克，姜块10克，精盐2小匙，味精1小匙。

制作方法

壹 将大葱择洗干净，切成小段；姜块去皮，用清水洗净，切成小片。

贰 甜玉米切成小段；虫草花洗涤整理干净，切成小块；芡实洗净；枸杞子洗净，用清水浸泡。

叁 将猪排骨放入清水中浸洗干净，沥干水分，剁成小段；锅中加入适量清水，放入猪排骨段焯烫一下，捞出沥干水分。

肆 取电紫砂锅，放入葱段、姜片、猪排骨段、甜玉米、芡实、虫草花和枸杞子，加入精盐、味精及适量清水，盖上盖，按下养生键炖煮至熟，即可出锅装碗。

红焖羊腿

★ 羊腿色泽美观，口味浓鲜味美 ★

原料 ★ 调料

羊腿	400克
洋葱	75克
胡萝卜	100克
大葱	15克
姜块	25克
蒜瓣	15克
干辣椒	少许
小茴香	少许
橘子皮	2大片
八角	少许
丁香	少许
桂皮	少许
香叶	少许
精盐	少许
白糖	2小匙
酱油	2大匙
料酒	3大匙
植物油	1小匙

制作方法

壹 羊腿用清水洗净血污，沥净水分，剁成大块；胡萝卜洗净，切成大块；洋葱洗净，切成大片。

贰 大葱去根和老叶，洗净，切成小段；姜块去皮，切成片；蒜瓣去皮，洗净。

叁 净锅置火上，加入植物油烧至四成热，放入白糖炒至溶化并变色后，放入胡萝卜块、洋葱片、葱段、姜片和羊腿肉块煸炒均匀。

肆 再加入橘子皮、八角、丁香、桂皮、香叶、小茴香、桂皮和蒜瓣炒匀。

伍 最后烹入料酒，加入酱油、精盐和干辣椒，放入适量清水烧煮至沸。

陆 撇去表面的浮沫和杂质，放入高压锅中压20分钟至熟香，出锅装碗即可。

第一章
畜肉

卤煮肥肠 ★肥肠软嫩肥润，配料丰富浓鲜★

原料 ★ 调料

猪肥肠500克，豆腐1大块，烧饼2个，黄豆芽50克，粉条30克，香菜20克。

葱段、姜片、蒜瓣（拍碎）各30克，花椒20克，香葱末、蒜末各5克，桂皮、八角各少许，精盐、白糖、白酒、白醋、酱油、淀粉、植物油各适量。

制作方法

壹 猪肥肠翻过来，加入精盐、白醋、淀粉揉搓，洗净，反复冲洗干净，放入高压锅，加入八角、桂皮、花椒、精盐、白酒、葱段、姜片、酱油、适量清水，上火煮熟，关火。

贰 豆腐洗净，切成两半，放入热油锅中，用中火煎至四面呈金黄色时，捞出沥油。

叁 锅留底油烧热，下入蒜瓣、八角、桂皮、葱段、姜片炒香，加入清水烧沸，放入香菜，再加入过滤后煮肥肠的汤汁烧沸，然后放入煎好的豆腐、烧饼和肥肠煮沸。

肆 将黄豆芽、粉条放入漏勺中，置锅的上方，用汤汁浇烫至熟嫩，放入大碗中垫底。

伍 再将豆腐、烧饼捞出，切成条片，码放入碗中，然后捞出肥肠，切成段，放在豆腐上，撒上蒜末、香葱末，浇上汤汁即可。

菠萝牛肉松 ★色泽美观, 软嫩清香 ★

原料 ★ 调料

牛肉馅400克, 鲜菠萝100克, 青椒丁、红椒丁各15克, 熟芝麻少许。

味精、胡椒粉各1/2小匙, 蚝油2小匙, 酱油4小匙, 植物油3大匙。

制作方法

壹 鲜菠萝去皮、洗净, 取1/3切成小片, 另2/3切成小丁; 将菠萝片放入粉碎机中, 加入少许清水搅打成蓉泥。

贰 牛肉馅放入大碗中, 倒入菠萝蓉泥, 再加入酱油、蚝油搅拌均匀。

叁 然后加入胡椒粉、味精搅拌均匀, 腌约30分钟至牛肉馅入味。

肆 锅置火上, 加入植物油烧热, 先放入牛肉馅搅炒至干香, 再放入青椒丁、红椒丁、菠萝丁炒匀❗, 出锅装入盘中, 撒上熟芝麻即可。

羊肉炖茄子

★ 羊肉软滑, 茄子清香 ★

原料 ★ 调料

羊里脊肉400克, 大圆茄子1个, 洋葱50克, 香菜末少许。

蒜汁、精盐、胡椒粉各少许, 陈醋3大匙, 水淀粉适量, 香油2小匙, 酱油、料酒、植物油各1大匙。

制作方法

壹 将圆茄子削去外皮, 用清水洗净, 切成块 ❗; 洋葱去皮、洗净, 切成末; 羊里脊肉洗净, 切成大片。

贰 锅置火上, 加入植物油烧热, 先下入洋葱末煸炒至变色, 再放入羊肉片煸炒约1分钟至软嫩。

叁 然后放入茄子块炒匀, 烹入料酒, 加入适量沸水淹没原料, 用旺火烧沸。

肆 撇去浮沫, 盖上锅盖, 转中火炖30分钟, 撇出血沫, 再转小火炖20分钟。

伍 加入酱油、精盐和胡椒粉调匀, 用水淀粉勾芡, 出锅装碗, 淋上香油, 随带香菜末、蒜汁、陈醋上桌即可。

黄豆笋衣炖排骨 ★营养均衡丰富, 口味清香味美 ★

原料 ★ 调料

排骨500克, 笋衣250克, 黄豆100克。

葱白15克, 姜块10克, 陈皮、桂皮、八角各少许, 精盐、酱油各1大匙, 白糖2大匙, 味精1小匙, 啤酒、植物油各适量。

制作方法

壹 将排骨用清水洗净, 捞出沥干, 剁成小段; 锅中加入适量植物油烧热, 放入排骨段煸炒一下, 出锅装盘。

贰 黄豆放入碗中, 加入适量清水浸泡一下, 捞出洗净, 沥干水分; 葱白洗净, 沥干水分, 用刀拍散; 姜块去皮, 洗净, 切成小片。

叁 笋衣洗净, 沥干水分, 切成小段, 放入热油锅中炒干水分, 出锅装盘。

肆 锅中留底油烧热, 加入白糖、清水炒至暗红色, 再加入适量啤酒、酱油和清水烧沸。

伍 然后放入排骨段、笋衣、黄豆、桂皮、八角、陈皮、葱段、姜片, 盖上锅盖, 转小火炖约40分钟 ❗, 再加入少许精盐、味精, 转大火收浓汤汁, 即可出锅装盘。

精选美味家常菜

97

爽口腰花 ★色泽淡雅, 口味浓鲜 ★

原料 ★ 调料

鲜猪腰	500克
生菜	50克
青椒	30克
香菜	20克
熟芝麻	10克
姜块	10克
蒜末	10克
味精	少许
番茄酱	4大匙
蜂蜜	1大匙
酱油	1大匙
陈醋	1大匙
香油	1大匙
植物油	适量

制作方法

壹 生菜用清水洗净, 沥干水分, 切成细丝; 香菜择洗干净, 切成细末。

贰 姜块去皮, 洗净, 切成细末; 青椒去蒂及籽, 洗净, 切成小粒。

叁 取大碗, 加入番茄酱、蜂蜜、陈醋、酱油、香油、味精调匀, 再放入熟芝麻、蒜末、香菜末、姜末、青椒粒搅拌均匀, 制成酱料。

肆 鲜猪腰洗净, 去除白色腰膜, 内侧剞上花刀❗, 放入沸水锅中煮熟, 捞出过凉, 沥干水分。

伍 将猪腰切成小片, 码入盘中, 倒上调好的酱料拌匀, 即可上桌。

香煎羊肉豆皮卷 ★色泽美观, 鲜咸酥香★

原料 ★ 调料

羊肉馅300克, 豆皮1张, 洋葱、芹菜、小西红柿各少许, 鸡蛋1个。

孜然、辣椒碎各少许, 精盐1小匙, 胡椒粉1/2小匙, 淀粉2大匙, 植物油适量。

制作方法

壹 将小西红柿、芹菜、洋葱、鸡蛋液放入粉碎机中搅打成蔬菜泥。

贰 羊肉馅放入大碗中, 倒入蔬菜泥, 再加入精盐、胡椒粉、淀粉搅打上劲。

叁 将豆皮切成长方块, 撒上少许淀粉, 放上羊肉馅抹匀, 卷成豆皮卷。

肆 平底锅置火上, 加入少许植物油, 码放上卷好的豆皮卷, 再淋入少许植物油。

伍 煎至两面呈金黄色时, 撒上孜然、辣椒碎稍煎 **!**, 取出, 切成小段, 装盘上桌即可。

茶香栗子炖牛腩 ★牛肉软嫩浓鲜，茶叶酥脆别致 ★

原料 ★ 调料

牛腩肉500克，去皮熟栗子肉50克，乌龙茶叶少许。

葱段、姜片各15克，精盐、白糖各2小匙，味精1小匙，料酒2大匙，酱油3大匙，番茄酱、香油各1大匙，水淀粉、植物油各适量。

制作方法

壹 将牛腩肉用清水浸泡并洗净，沥干水分，切成大块；乌龙茶叶用沸水泡开，取出茶叶沥干，再放入热油锅中炸至酥香，捞出沥油。

贰 锅中加入植物油烧热，下入葱段、姜片炒香，再放入牛腩肉块略炒一下，烹入料酒，然后加入酱油、香油、番茄酱、白糖、精盐翻炒均匀。

叁 再加入适量温水煮沸，倒入高压锅中压15分钟至熟，然后倒入炒锅中，放入栗子肉。

肆 置旺火上炖至汤汁浓稠❗，用水淀粉勾芡，撒上乌龙茶叶，出锅装碗即成。

酱爆猪肝

★ 猪肝软滑, 鲜咸味香 ★

原料 ★ 调料

猪肝300克, 胡萝卜75克, 丝瓜50克, 鸡蛋清1个, 香菜少许。

大葱、姜末各10克, 精盐、白糖、料酒、甜面酱、酱油、淀粉、香油、植物油各适量。

制作方法

壹 将大葱择洗干净, 切成丝; 猪肝去掉白色筋膜, 切成大片❗; 香菜去根, 洗净, 切成小段; 胡萝卜去根, 削去外皮, 切成菱形片; 丝瓜去皮和瓤, 洗净, 切成片。

贰 将猪肝片放在碗内, 加入淀粉、料酒、胡椒粉、鸡蛋清搅匀、上浆。

叁 将葱末、姜末、甜面酱、酱油、胡椒粉、料酒、白糖放在小碗内搅匀成酱汁。

肆 净锅置火上, 加入植物油烧至六成热, 下入猪肝片冲炸一下, 捞出沥油。

伍 锅留底油烧热, 倒入酱汁, 加入味精调匀, 再放入猪肝片、胡萝卜片、丝瓜片炒匀, 淋入香油, 撒上香菜即成。

如意蛋卷 ★色香味俱佳，软嫩鲜咸美★

原料★调料

猪肉馅200克，鸡蛋3个，紫菜2张，枸杞子10克。

葱末、姜末各5克，精盐、胡椒粉各1小匙，料酒、香油各1大匙，水淀粉、淀粉、植物油各适量。

制作方法

壹 将猪肉馅放在容器内，放入葱末和姜末搅匀，再加入精盐、料酒、香油、胡椒粉和1个鸡蛋液拌匀上劲成馅料。

贰 再把洗净的枸杞子剁碎，放入肉馅中调拌均匀，静置30分钟。

叁 鸡蛋2个磕入碗内，加入水淀粉和少许精盐拌匀，入锅摊成鸡蛋皮，取出放在案板上，先撒上少许淀粉，放上紫菜，再撒上淀粉。

肆 将猪肉馅料涂抹在紫菜上，然后撒上少许淀粉，从两端<u>朝中间卷起成如意蛋卷生坯</u>。

伍 笼屉刷上少许植物油，码放上如意蛋卷生坯，放入蒸锅内蒸20分钟，取出蒸好的如意蛋卷，晾凉后切成小片，码盘上桌即可。

火爆腰花 ★ 色泽红亮，鲜咸辣香 ★

原料 ★ 调料

猪腰2个，青椒、红椒各50克，洋葱25克。

大葱、姜块、蒜瓣各少许，干辣椒3克，泡辣椒15克，精盐、胡椒粉各1/2小匙，米醋2小匙，酱油1大匙，白糖1小匙，水淀粉适量，料酒、植物油各2大匙。

制作方法

壹 猪腰剥去外膜，放在案板上，先一分为二，片下白色腰臊，蘸上少许清水，剞上十字花刀，放入清水中浸泡。

贰 人葱、姜块、蒜瓣均切成片；青椒、红椒分别洗净，均切成小块；洋葱洗净，切成块。

叁 净锅置火上，加入清水和少许米醋烧沸，放入猪腰花焯烫一下，捞出，放入凉水中。

肆 锅中加油烧热，下入葱片、姜片、蒜片爆锅出香味，放入干辣椒炒出香辣味，再加入泡辣椒炒匀，烹入料酒。

伍 然后加入白糖、酱油、米醋、胡椒粉、精盐和少许清水烧沸，放入青椒块、红椒块和洋葱块煸炒片刻 ❶，放入腰花，用水淀粉勾芡，淋上香油，出锅装盘即可。

第三章

禽蛋豆制品

口水鸡 ★ 白绿相映，鲜咸辣香 ★

原料 ★ 调料

鸡腿	2个
西芹	75克
碎花生米	25克
芝麻	15克
大葱	少许
姜块	少许
蒜瓣	少许
精盐	1小匙
花椒粉	1小匙
白糖	适量
味精	适量
米醋	2小匙
酱油	1大匙
芝麻酱	1大匙
豆瓣酱	1大匙

制作方法

壹 把鸡腿剔去骨头和杂质，洗净，沥干水分，在鸡腿内侧剁上几刀。

贰 取部分大葱、姜块，把姜块去皮，洗净，拍碎；大葱切成小段，全部放入清水锅内。

叁 再加入鸡腿肉和少许精盐烧沸，用中小火煮至熟嫩❗，捞出鸡腿肉、晾凉。

肆 将西芹择洗干净，沥净水分，切成3厘米宽的小片，垫在盘子的底部。

伍 将剩下的大葱、姜块切成末；蒜瓣去皮，剁碎，全部放在碗内，加入芝麻酱和花椒粉。

陆 再加入精盐、酱油、白糖、豆瓣酱、芝麻、味精调匀成口水鸡味汁。

柒 将鸡腿肉切成片，码放在盛有西芹片的盘内，浇上调好的味汁，再撒上碎花生米，上桌即可。

豉椒泡菜白切鸡 ★色泽美观淡雅, 口味鲜辣浓香 ★

原料 ★ 调料

净仔鸡1只, 四川泡菜100克, 青尖椒、红尖椒各15克, 熟芝麻10克。

花椒15克, 葱段、姜块、蒜瓣各10克, 味精1小匙, 白糖1大匙, 豆豉辣酱3大匙, 酱油5小匙, 植物油适量。

制作方法

壹 葱段洗净, 切成末; 姜块、蒜瓣分别去皮, 洗净, 均切成末; 将仔鸡洗涤整理干净, 沥去水分, 从中间破开, 切成两半。

贰 锅中加入适量清水, 放入仔鸡煮沸, 再转小火续煮5分钟, 取出晾凉, 剁成大块, 放入盘中。

叁 将四川泡菜切成小丁; 青尖椒、红尖椒分别去蒂, 洗净, 均切成椒圈。

肆 锅中加入适量植物油烧热, 下入花椒炸成花椒油, 再加入葱末、姜末、蒜末、豆豉辣酱炒出香味, 出锅装碗。

伍 加入酱油、熟芝麻、白糖、味精, 放入泡菜丁、青红椒圈拌匀 ❶, 浇淋在鸡块上即成。

辣豆豉炒荷包蛋 ★家常菜式，豉香味浓 ★

原料 ★ 调料

鸡蛋4个，韭菜薹100克，红辣椒50克。

大蒜3瓣，精盐1小匙，白糖、辣豆豉、米醋各少许，植物油适量。

制作方法

壹 将韭菜薹择洗干净，切成小段；红辣椒去蒂、去籽，洗净，切成小片；大蒜去皮，洗净，切成片。

贰 锅置火上，加入少许植物油烧热，磕入鸡蛋摊成荷包蛋，取出，切成菱形块。

叁 锅中加入植物油烧热，放入辣豆豉炒出香味，再下入蒜片、辣椒片、韭菜薹段快速翻炒几下❗。

肆 然后放入切好的荷包蛋块，加入米醋、白糖、精盐炒匀至入味，即可出锅装盘。

葱烧皮蛋木耳 ★ 皮蛋软嫩清香，葱香味美适口 ★

原料 ★ 调料

大葱100克，皮蛋（松花蛋）、鸡蛋各2个，水发木耳、青椒、红椒各30克。

面粉4小匙，胡椒粉1/2小匙，白糖、蚝油、酱油各1小匙，料酒3小匙，水淀粉2大匙，植物油适量。

制作方法

壹 大葱去根、洗净，切成条；青椒、红椒分别去蒂、去籽，洗净，均切成小条；皮蛋洗净，放入锅中蒸熟，取出晾凉，剥去外皮，切成小块。

贰 鸡蛋磕入碗中，加入面粉、少许植物油调匀成软炸糊；水发木耳择洗干净，放入沸水锅中煮3分钟，捞出沥水。

叁 锅置火上，加入植物油烧热，将皮蛋块裹匀软炸糊，入锅炸至金黄色，捞出沥油。

肆 锅留底油烧热，下入大葱条炒香、捞出，再加入料酒、蚝油、酱油、少许清水、白糖、胡椒粉烧沸。

伍 然后放入木耳烧2分钟，加入青椒条、红椒条炒匀，用 水淀粉勾芡❶，最后放入炸好的皮蛋块、大葱条翻炒均匀，出锅装盘即可。

香椿鸡柳 ★鸡柳外酥里嫩, 口味鲜香味美 ★

原料 ★ 调料

鸡胸肉250克, 香椿芽150克, 鸡蛋2个, 白芝麻适量。

精盐少许, 面粉4大匙, 料酒1小匙, 植物油750克 (约耗75克)。

制作方法

壹 将鸡胸肉剔去筋膜, 洗净, 沥干水分, 切成片, 放入容器中, 加入料酒、精盐调拌均匀。

贰 鸡蛋磕入大碗中, 加入面粉、植物油、少许清水搅匀成糊, 再放入腌好的鸡肉片调拌均匀。

叁 香椿芽择洗干净, 沥去水分, 切成碎末, 放入盛有鸡肉片的大碗中搅拌均匀。

肆 净锅置火上, 加入植物油烧至六成热, 把鸡肉片逐片沾上一层芝麻, 放入油锅中炸至浅黄色, 捞出。

伍 待锅内油温升高后, 再放入鸡肉片炸至金黄色 ✑, 捞出沥油, 装盘上桌即可。

腐乳烧素什锦 ★色泽美观，清香适口★

原料 ★ 调料

腐竹	200克
莲藕	100克
冬笋	50克
水发木耳	30克
青椒	20克
红椒	20克
熟芝麻	少许
葱末	10克
姜末	10克
精盐	1小匙
味精	1/2小匙
白糖	1大匙
红腐乳	半块
料酒	2大匙
香油	少许
植物油	适量

制作方法

壹 莲藕去皮，洗净，切成小片；冬笋洗净，切成小块；水发木耳择洗干净，撕成小块。

贰 青椒、红椒分别去蒂及籽，洗净，均切成小块；腐竹用温水浸泡1小时至涨发，切成小段。

叁 锅中加入植物油烧至六成热，放入藕片、冬笋片滑炒一下，捞出沥油。

肆 锅中留底油烧热，下入葱末、姜末炒香，再放入腐乳，加入精盐、白糖、料酒、味精调好口味。

伍 然后放入藕片、冬笋、腐竹段翻炒均匀，加入少许清水烧沸。

陆 最后放入青椒块、红椒块、木耳炒匀 ❶，用水淀粉勾芡，淋入香油，撒上熟芝麻，出锅装盘即可。

虾干时蔬腐竹煲 ★色形美观, 软嫩滑香★

原料★调料

腐竹、虾干、鲜蘑、香菇、小油菜各适量。

葱段、姜片各5克, 精盐1大匙, 味精、白糖各1/2小匙, 蚝油2小匙, 料酒3小匙, 老抽1小匙, 植物油适量。

制作方法

壹 鲜蘑、香菇分别去蒂, 洗净, 均切成片; 虾干用热水泡软; 腐竹用清水泡软, 切成小段; 小油菜洗净, 竖切成两半。

贰 碗中加入老抽、料酒、蚝油、白糖、味精、泡虾干的水调匀成味汁。

叁 锅置火上, 加入植物油烧热, 下入葱段、姜片炒出香味, 再放入虾干浸炸。

肆 然后放入蘑菇片、香菇片炒软, 放入腐竹段炒匀, 烹入调好的味汁炒匀, 转小火焖烧3分钟。

伍 最后放入小油菜翻炒至熟❶, 用水淀粉勾芡, 倒入砂煲中, 上桌即可。

九转素肥肠 ★外酥里嫩, 鲜咸清香 ★

原料 ★ 调料

油豆皮2张, 山药、面粉各100克, 干香菇15克, 净生菜叶2片。

葱丝、姜丝各10克, 桂皮末少许, 精盐1大匙, 味精2小匙, 白糖2大匙, 酱油1小匙, 料酒适量, 水淀粉3大匙, 植物油75克。

制作方法

壹 干香菇放入温水中涨发, 洗净, 切成丁; 山药去皮, 洗净, 入蒸锅蒸熟, 取出晾凉, 用刀背碾压成泥, 放入盘中。

贰 再加入面粉及少许清水、香菇丁、精盐、味精调匀成糊; 油豆皮平铺在案板上, 拍上少许清水, 撒上面粉, 再放上山药糊摊平, 由下至上卷起成卷。

叁 蒸锅上火, 加入适量清水烧沸, 放入山药豆皮卷蒸10分钟, 取出, 用沾有清水的刀切成小段。

肆 山药段两面沾匀面粉, 放入热油锅中煎至两面金黄 ❶、酥脆时, 取出, 码入垫有生菜叶的盘中。

伍 锅中留底油烧热, 加入白糖、清水略炒, 再加入料酒、酱油、精盐、味精及适量清水烧沸, 用水淀粉勾芡, 撒入葱丝、姜丝炒匀, 起锅浇淋在山药段上, 撒上桂皮末即成。

海米锅㸆豆腐 ★色泽黄亮, 酥软清鲜★

原料 ★ 调料

北豆腐1大块, 鸡蛋2个, 海米15克。

葱段、姜块各少许, 胡椒粉1/2小匙, 面粉75克, 精盐、味精各1小匙, 料酒1大匙, 植物油适量。

制作方法

壹 葱段、姜块洗净, 切成末; 海米用温水浸泡至发涨, 取出; 鸡蛋放在碗内搅匀成鸡蛋液; 面粉放入另一碗内。

贰 北豆腐切成厚约1厘米的大片, 放在盘内, 撒上精盐, 加入胡椒粉、料酒, 撒上姜末和味精, 腌约10分钟。

叁 净锅置火上, 加入植物油烧热, 把豆腐片先裹上一层面粉, 放入鸡蛋液中蘸匀, 放入热油锅内炸至色泽金黄, 捞出豆腐, 沥去油分。

肆 锅中加入底油烧热, 放入少许葱末、姜末、海米煸炒2分钟出香味, 加入料酒、胡椒粉、味精和清水烧沸, 放入豆腐和精盐, 用旺火收浓汤汁❗, 出锅装盘即可。

糟熘鸡片

★ 鸡肉软滑，糟香味浓 ★

原料 ★ 调料

鸡胸肉200克，冬笋100克，鸡蛋清1个。

葱白、姜块各10克，红糟卤4大匙，精盐1小匙，白糖2小匙，淀粉3大匙，味精少许，水淀粉2大匙，植物油适量。

制作方法

壹 冬笋洗净，片成薄片；葱白、姜块拍碎，放入碗中，加入少许清水浸泡一下，制成葱姜水。

贰 鸡胸肉用清水洗净，沥干水分，片成大薄片，放入清水碗中浸泡一下以去除血水，取出鸡片，挤干水分，放入碗中，加入鸡蛋清、葱姜水、精盐、淀粉搅拌均匀。

叁 小碗中加入红糟汁、白糖、精盐及少许清水调拌均匀 ❗ 成味汁。

肆 锅置上火，加入适量植物油烧热，放入鸡片、冬笋片炒匀，出锅装盘。

伍 锅中留底油烧热，倒入调好的味汁，用水淀粉勾芡，再放入鸡片、笋片熘炒均匀，出锅装盘即可。

参须枸杞炖老鸡 ★ 母鸡软嫩清香，口味鲜咸味美 ★

原料 ★ 调料

净老母鸡…	1只(约1000克)
人参须…………	15克
枸杞子…………	10克
葱段…………	25克
姜块…………	15克
精盐…………	2小匙
料酒…………	1大匙

制作方法

壹 将人参须用清水浸泡并洗净，沥净水分；枸杞子洗净，沥干水分。

贰 将老母鸡洗净，擦净表面水分，剁去爪尖，把鸡腿别入鸡腹中❗。

叁 净锅置火上，加入清水烧沸，放入老母鸡焯烫一下，捞出沥水。

肆 砂锅置火上，加入适量清水烧沸，放入老母鸡，加入葱段、姜块和料酒。

伍 再加入洗好的人参须和枸杞子，用旺火烧沸，撇去表面浮沫。

陆 盖上砂锅盖，转小火炖约40分钟至母鸡肉熟烂并出香味，加入精盐调好口味，离火，原锅直接上桌即可。

醪糟腐乳翅 ★色泽美观，软嫩糟香★

原料 ★ 调料

鸡翅中500克，水发香菇、冬笋各25克。

葱段、姜片各10克，精盐、味精各少许，醪糟2大匙，白糖1小匙，酱油、料酒各1大匙，红腐乳1块，植物油适量。

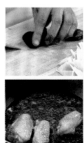

制作方法

壹 鸡翅中去净绒毛，放入清水中浸泡以洗净杂质，捞出沥水，放在碗内，加入葱段、姜片、精盐、酱油、料酒、味精拌匀，腌渍10分钟。

贰 将冬笋洗净，沥干水分，切成小块；水发香菇去蒂，每个切成两半。

叁 锅中加油烧热，把腌好的鸡翅放入油锅内冲炸至上色，捞出沥油，再把冬笋块放入油锅内冲炸一下，取出。

肆 锅中留底油，复置火上烧热，加入腌鸡翅的葱段和姜片炝锅，再加入料酒、醪糟、红腐乳、酱油、白糖和清水，用旺火烧煮至沸❗。

伍 然后放入炸好的鸡翅，加入冬笋、冬菇调匀，用小火烧约10分钟至入味，转旺火收浓味汁，出锅装盘即可。

百叶结虎皮蛋 ★鹌鹑蛋软滑, 百叶结浓鲜★

原料 ★ 调料

鹌鹑蛋400克, 百叶结150克, 腊肉100克, 青椒、红椒各25克。

蒜瓣10克、精盐、白糖、胡椒粉、酱油、水淀粉、香油、植物油各适量。

制作方法

壹 鹌鹑蛋刷洗干净, 放入清水锅内, 置火上烧沸, 煮约5分钟, 捞出鹌鹑蛋, 放入密封的饭盒内, 加入少许清水, 轻轻摇晃几下, 取出鹌鹑蛋, 剥去外壳。

贰 将净鹌鹑蛋放在容器内, 加入少许精盐、酱油调拌均匀至上色; 腊肉刷洗干净, 沥净水分, 切成小丁; 青椒、红椒去蒂、去籽, 洗净, 切成小条。

叁 净锅置火上, 加入植物油和少许香油烧热, 放入鹌鹑蛋煎炸至琥珀色, 加入蒜瓣, 转小火稍煎一下, 放入腊肉丁煎出油, 再加入百叶结炒匀。

肆 倒入适量清水, 然后加入酱油、精盐、白糖和胡椒粉烧煮至沸, 盖上锅盖, 转小火烧焖5分钟, 放入青椒条、红椒条, 用水淀粉勾芡 ❶, 淋上香油, 出锅装盘即成。

杭州酱鸭腿

★ 软嫩清香, 酱汁适口 ★

原料 ★ 调料

鸭腿300克。

桂皮、小茴香各少许, 葱白15克, 姜块10克, 精盐1小匙, 味精1/2小匙, 白糖1大匙, 酱油适量, 料酒2小匙。

制作方法

壹 葱白用清水洗净, 切成小段; 姜块去皮, 洗净, 切成小片; 鸭腿洗涤整理干净, 撒上少许精盐揉搓一下❗, 腌渍6小时。

贰 锅中加入适量酱油烧沸, 放入桂皮、小茴香、白糖、鸭腿煮约1分钟, 关火后浸泡约6小时, 取出后放在通风处晾约6小时。

叁 将晾好的鸭腿放入盘中, 加入料酒、白糖、精盐、味精、葱段、姜片, 放入烧热的蒸锅, 盖上盖, 蒸约30分钟, 关火后取出, 即可上桌。

爆锤桃仁鸡片 ★色泽淡雅，软嫩清香★

原料 ★ 调料

鸡胸肉400克，核桃仁100克，水发木耳50克，青椒、红椒各30克。

葱花、姜片各8克，精盐1小匙，味精、胡椒粉各1/2小匙，料酒3小匙，淀粉适量，水淀粉、植物油各2大匙。

制作方法

壹 鸡胸肉洗净，片成大厚片，两面蘸上干淀粉，用擀面捶砸成大薄片，再切成小片；青椒、红椒洗净，均切成三角块；水发木耳去蒂，洗净，撕成小朵。

贰 锅置火上，加入清水、少许精盐烧沸，放入鸡片汆烫至变色❶，捞出沥水。

叁 净锅置火上，加入植物油烧热，下入葱花、姜片炒香，再放入核桃仁、青椒块、红椒块、木耳及少许清水炒匀。

肆 然后加入精盐、胡椒粉、料酒、味精翻炒至入味，用水淀粉勾薄芡，再放入鸡片翻炒均匀，出锅装盘即可。

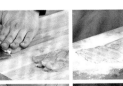

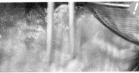

剁椒百花豆腐 ★ 色泽美观，清香味美 ★

原料 ★ 调料

豆腐·················· 300克
虾仁·················· 200克
鸡蛋清·················· 1个
剁椒·················· 30克
大葱·················· 25克
姜块·················· 10克
精盐·················· 1小匙
料酒·················· 1大匙
淀粉·················· 1大匙
味精·················· 少许
胡椒粉·················· 少许
香油·················· 2小匙
植物油·················· 2大匙

制作方法

壹 将大葱去掉根须，用清水洗净，剁成葱末；姜块去皮，切成碎末。

贰 豆腐切成薄片，放在盘内，撒上少许葱末、姜末、精盐、味精、胡椒粉和料酒腌渍片刻。

叁 虾仁去掉沙线，洗净，先用刀剁几下成丁，再用刀背砸成虾蓉。

肆 将虾蓉、葱末、姜末、鸡蛋清、精盐、胡椒粉、料酒、香油、淀粉放入碗中❗，拌匀上劲成馅料。

伍 手上蘸上少许清水，取少许虾蓉馅料捏成丸子，放在豆腐片上。

陆 再撒上切好的剁椒，放入蒸锅内，用旺火沸水蒸8分钟，取出蒸好的豆腐，撒上少许葱末，浇上烧至九成热的植物油炝出香味，上桌即可。

茶香三杯鸡 ★ 色泽红润, 茶香味美 ★

原料 ★ 调料

鸡翅400克, 青椒块、红椒块各20克, 乌龙茶叶15克。

香葱段30克, 姜片10克, 大蒜15克, 香叶5片, 冰糖20克, 香油1小匙, 糯米酒、酱油、植物油各4大匙。

制作方法

壹 将鸡翅洗净, 剁成两半; 碗中加入酱油、糯米酒调匀成味汁。

贰 锅置火上, 加入植物油、香油烧热, 下入香葱段、姜片、蒜瓣炒香, 捞出香葱段、姜片、蒜瓣, 放入砂锅中垫底。

叁 锅中放入鸡翅块煸炒至七分熟, 放入香叶, 烹入调好的味汁烧沸。

肆 再放入冰糖, 倒入砂锅中❗, 盖上盖, 置小火上焖炖10分钟。

伍 然后放入青椒块、红椒块翻匀, 撒上炸酥的乌龙茶叶, 上桌即可。

香辣蒜味鸡

★ 鸡肉软滑, 香辣味浓 ★

原料 ★ 调料

鸡腿肉2个, 油酥辣椒50克, 熟芝麻15克, 鸡蛋1个。

蒜末30克, 香葱段、姜片各10克, 精盐、豆豉各2小匙, 味精1/2小匙, 面粉4小匙, 豆瓣辣酱1大匙, 酱油1小匙, 植物油适量。

制作方法

壹 蒜末放入大碗中, 加入鸡蛋液、面粉、少许植物油、清水调成软炸糊。

贰 鸡腿肉洗净, 切成小丁, 加入精盐、酱油调拌均匀, 腌约5分钟, 再放入软炸糊中搅拌均匀, 逐块放入热油锅中炸熟, 捞出沥油。

叁 锅中留底油烧热, 放入豆瓣辣酱、豆豉煸炒, 再下入葱段、姜片炒香。

肆 然后放入油酥辣椒、熟芝麻炒匀 ❗, 再放入炸好的鸡丁翻炒均匀, 最后加入精盐、味精调好口味, 出锅装盘即可。

韭菜鸭红凤尾汤 ★ 红白相映, 软滑清香 ★

原料 ★ 调料

鸭血豆腐、北豆腐各150克, 韭菜50克, 文蛤200克, 鸡蛋1个。

姜块10克, 精盐、味精、胡椒粉、白醋、水淀粉、香油、植物油各适量。

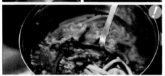

制作方法

壹 将鸭血豆腐、北豆腐均切成小条; 韭菜择洗干净, 切成细末。

贰 将文蛤放入淡盐水中浸泡2小时, 捞出冲净, 沥干水分; 姜块去皮, 洗净, 切成细丝; 鸡蛋磕入碗中, 加入少许清水搅打均匀。

叁 锅中加入适量清水烧沸, 放入北豆腐、鸭血豆腐焯透, 捞出沥干。

肆 锅中加入植物油烧至六成热, 先下入姜丝炒出香味, 再加入精盐、味精及适量清水烧开, 然后用水淀粉勾芡, 再倒入鸡蛋液后搅匀。

伍 将锅转小火 ❶, 放入文蛤、豆腐、鸭血, 加入胡椒粉、白醋烧沸, 撒上韭菜末, 淋入香油, 即可出锅装碗。

香辣鸭脖 ★ 色泽红亮，香辣浓鲜 ★

原料 ★ 调料

鸭脖500克。

大葱、姜块各15克，香叶10片，丁香10粒，砂仁8粒，花椒5克，桂皮1大块，八角4个，草蔻2粒，干辣椒、小茴香各少许，精盐、白糖各1小匙，料酒4大匙，红曲米、香油各2小匙。

制作方法

壹 将大葱去根，择去老叶，洗净，切成段；姜块去皮，洗净，切成片。

贰 将鸭脖去除杂质，洗净，剁成大块，放入容器中，加入葱段、姜片和精盐拌匀，腌30分钟。

叁 锅置火上，放入少许葱段、姜片、香叶、砂仁、草蔻、小茴香、花椒、丁香、八角、桂皮。

肆 再加入料酒、白糖、红曲米、干辣椒、适量清水烧沸，熬煮30分钟成浓汁。

伍 然后放入腌好的鸭脖，用旺火煮约20分钟，关火后在汤汁中浸泡至入味。

陆 取出鸭脖子晾凉，表面刷上香油 ❶，装入盘中，即可上桌。

酒香红曲脆皮鸡

★ 鸡肉酥香脆嫩，口味鲜辣酒浓 ★

原料 ★ 调料

鸡腿肉	400克
鸡蛋	2个
芹菜粒	15克
红尖椒粒	15克
熟芝麻	10克
香葱末	10克
精盐	1/2大匙
味精	1/2小匙
胡椒粉	1/2小匙
面粉	75克
红曲粉	3大匙
高度白酒	4小匙
植物油	适量

制作方法

壹 红曲粉放入碗中，加入开水泡开；鸡腿肉洗净，切成小丁，放入大碗中，加入高度白酒、精盐、胡椒粉调拌均匀❶，腌5分钟。

贰 鸡蛋磕入碗中，加入面粉、清水及少许植物油调匀，再加入3小匙红曲粉水搅匀。

叁 锅置火上，加入植物油烧热，将鸡丁裹匀软炸糊，入锅炸熟，捞出沥油。

肆 锅置火上，放入炸好的鸡丁、香葱末、芹菜粒、红尖椒粒煸炒均匀。

伍 再烹入少许白酒，撒入熟芝麻，加入精盐、味精炒匀，出锅装盘即可。

豉椒香干炒鸡片 ★色泽美观，豉香味浓★

原料 ★ 调料

鸡胸肉350克，香干150克，青尖椒、红尖椒各50克，鸡蛋清1个。

葱末、姜末、蒜末各5克，精盐、味精、淀粉、黑豆豉、豆瓣酱、料酒、水淀粉、香油各少许，植物油适量。

制作方法

壹 将鸡胸肉洗净，切成片；青尖椒、红尖椒去蒂，洗净，均切成块；香干切成小片。

贰 锅置火上，加入适量清水烧沸，分别放入香干片和青红椒块焯烫一下，捞出沥水。

叁 鸡蛋清放入容器中搅匀，再放入鸡肉片，加入精盐、味精、淀粉、少许植物油拌匀上浆，放入热油锅中滑至变色，捞出沥油。

肆 锅留底油烧热，下入葱末、姜末、蒜末炒香，再放入黑豆豉、青红椒块炒出香味❶。

伍 然后加入料酒、酱油、味精，用水淀粉勾芡，放入鸡肉片、香干片炒匀，淋入香油，出锅装盘即可。

家常香卤豆花 ★豆腐软嫩，鲜咸味美★

原料 ★ 调料

内脂豆腐2盒，豌豆粒50克，榨菜、香菇、木耳、黄花菜各少许。

葱花、姜末、花椒、精盐、味精、胡椒粉、酱油、料酒、水淀粉、植物油各适量。

制作方法

壹 将香菇、木耳、黄花菜分别放入清水中泡发，择洗干净，香菇切成斜刀片；木耳撕成小朵。

贰 将内酯豆腐取出，放入容器中，入锅蒸3分钟，取出；豌豆粒入锅焯水，捞出；榨菜洗净，切成丝。

叁 锅置火上，加入植物油烧热，先下入葱花、姜末爆香，烹入料酒。

肆 再放入香菇片、黄花菜、榨菜丝、木耳炒匀，加入少许清水、酱油、胡椒粉、精盐、味精调味。

伍 然后用水淀粉勾芡，起锅浇在蒸好的豆腐上 ❗，最后撒上豌豆粒，浇上烧热的花椒油即可。

火爆鸡心

★ 鸡心软滑, 鲜辣豉香 ★

原料 ★ 调料

鸡心300克, 洋葱75克, 青椒、红椒各1个。

干辣椒5克, 精盐、白糖、香油各1小匙, 味精少许, 淀粉、水淀粉、料酒各1大匙, 酱油1/2大匙, 黑豆豉、陈醋各2小匙, 植物油2大匙。

制作方法

壹 将洋葱、青椒、红椒分别择洗干净, 沥净水分, 均切成小块。

贰 鸡心去净油脂, 用清水洗净, 片成薄片, 放入碗中, 加入精盐、料酒、淀粉调拌均匀; 料酒、酱油、味精、白糖放入小碗中调匀成味汁。

叁 净锅置火上, 加入植物油烧至六成热, 先下入干辣椒和黑豆豉炒出香味。

肆 再放入鸡心片翻炒均匀 ❗, 然后放入洋葱块和青椒块、红椒块炒拌均匀, 用水淀粉勾芡, 烹入调好的味汁, 淋入陈醋、香油炒匀, 出锅装盘即可。

大酱花蛤豆腐汤 ★豆腐软滑, 花蛤清香★

原料 ★ 调料

北豆腐1大块, 花蛤300克, 干裙带菜25克。

香葱末10克, 红干椒5克, 味精1/2小匙, 韩式大酱3大匙。

制作方法

壹 北豆腐洗净, 切成小块; 干裙带菜用清水泡开, 清洗干净, 切成段; 花蛤放入清水盆中浸泡, 再用清水漂洗净泥沙, 沥去水分。

贰 锅中加入适量清水烧沸, 放入红干椒、韩式大酱搅匀, 再放入豆腐块。

叁 烧沸后炖煮5分钟, 然后放入花蛤推搅均匀, 续煮1分钟, 最后放入裙带菜段稍煮❗, 加入味精, 出锅装碗, 撒上香葱末即可。

精选美味家常菜

135

三香爆鸭肉 ★ 鸭肉清香，鲜咸适口 ★

原料 ★ 调料

鸭腿··············· 450克
香芹··············· 65克
香干··············· 50克
红椒··············· 30克
香葱段············· 20克
味精··············· 1/2小匙
胡椒粉············· 1小匙
白糖··············· 1小匙
陈醋··············· 1小匙
蚝油··············· 2小匙
料酒··············· 4小匙
酱油··············· 4小匙
香油··············· 1大匙
植物油············· 3大匙

制作方法

壹 香芹择洗干净，切成段；红椒洗净，切成条；香干切成大片。

贰 将鸭腿肉剔去腿骨，用清水洗净，切成小条，放入容器中，加入酱油、料酒、蚝油、白糖、香油、胡椒粉拌匀，腌5分钟。

叁 锅置火上，加入植物油烧至六成热，放入鸭腿肉、香干片爆炒均匀。

肆 再放入香葱段、红椒条、香芹段炒匀，然后烹入陈醋略炒一下。

伍 再淋入香油，加入少许味精翻炒至入味❗，出锅装盘即可。

137

鲜蔬鸡肉 ★鸡肉酥香,时蔬软嫩★

原料 ★ 调料

鸡胸肉300克,西蓝花150克,菜花100克,胡萝卜花少许。

精盐1小匙,胡椒粉少许,白糖2小匙,蚝油、酱油各1大匙,水淀粉适量,植物油750克 (约耗75克)。

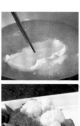

制作方法

壹 鸡胸肉去掉筋膜,用清水洗净,再放入清水锅内烧煮至沸,撇去浮沫,转小火煮至鸡胸肉熟嫩,捞出鸡胸肉,放入冷水中过凉,沥净水分。

贰 将酱油、蚝油、胡椒粉、白糖、精盐放在小碗内,加入少许清水拌匀成味汁。

叁 西蓝花、菜花去根,掰成小瓣,放入清水锅内焯烫一下,捞出用冷水过凉、沥水,与胡萝卜花一起码放在盘内。

肆 净锅置火上,加入植物油烧至六成热,放入鸡胸肉炸3分钟,捞出沥油,切成条块,码放在蔬菜旁边。

伍 锅中留底油,复置火上烧至六成热,倒入味汁煮沸,用水淀粉勾芡 ❶,出锅淋在鸡肉条上即可。

烧鸡公 ★ 鸡肉软嫩，浓香味美 ★

原料 ★ 调料

鸡肉块500克，鲜香菇25克，青椒、红椒、鸡蛋各1个。

葱段、姜片、蒜瓣各25克，花椒粒5克，干辣椒3克，胡椒粉2小匙，白糖1小匙，料酒2大匙，酱油、蚝油、淀粉各1大匙，植物油适量。

制作方法

壹 青椒、红椒分别去蒂、去籽，洗净，均切成小块；鲜香菇择洗干净，切成块。

贰 鸡肉块放入碗中，加入蚝油、酱油、料酒、胡椒粉、鸡蛋液、淀粉拌匀，腌15分钟。

叁 锅中加油烧热，下入葱段、姜块、蒜瓣炸出香味，取出葱、姜、蒜，垫入砂锅底部，再放入花椒粒炸香，捞出。

肆 待锅内油温升高后，将腌好的鸡肉块放入锅中煸炒片刻，然后放入干辣椒、香菇块和少许清水烧沸，盖上盖焖约8分钟至鸡块近熟。

伍 再放入青椒块、红椒块和白糖炒匀，倒入砂锅内 ❗，置火上加热，淋入少许料酒，离火上桌即可。

香焖腐竹煲 ★软嫩清香, 营养均衡 ★

原料 ★ 调料

腐竹75克, 水发香菇30克, 水发海米15克, 水发木耳10克, 胡萝卜片、柿子椒片各少许。

大葱、蒜瓣各15克, 姜块10克; 精盐、白糖、味精、香油各少许, 酱油4小匙, 料酒、水淀粉各1大匙, 植物油2大匙。

制作方法

壹 将腐竹用温水浸泡至发涨, 洗净, 切成小段; 水发香菇去蒂, 洗净, 攥干水分, 切成片。

贰 大葱洗净, 切成段; 姜块去皮, 洗净, 切成片, 水发木耳择洗干净, 撕成小块。

叁 净锅置火上, 加入植物油烧热, 下入蒜瓣炸出香味, 放入水发海米煸香出味, 再放入葱段、姜片炒匀, 加入香菇片、料酒、酱油和适量泡香菇的水烧沸。

肆 然后加入白糖、精盐、味精、腐竹段、木耳, 盖上盖焖5分钟, 最后放入柿子椒片和胡萝卜片烧约1分钟, 用水淀粉勾芡, 淋上香油, 倒入抹油的砂锅中❗即可。

丝瓜豆腐灌蛋 ★软嫩清香,营养均衡★

原料 ★ 调料

冻豆腐250克,丝瓜100克,
松花蛋50克,蚬子尖30克。

精盐、味精、白糖、胡椒粉、
米醋、植物油各适量。

制作方法

壹 丝瓜洗净,去皮,切成滚刀块,放入碗中,加入少许清水、米醋浸泡一下。

贰 松花蛋去壳,切成小块;冻豆腐解冻,切成大块,攥干水分,放入碗中,磕入鸡蛋抓匀。

叁 蚬子尖洗净,放入碗中,加入少许水淀粉抓拌均匀,再用清水冲洗干净,沥干水分。

肆 锅置火上,加入植物油烧至六成热, 放入冻豆腐块略煎一下 ❶,再放入姜丝炒出香味,转中火,放入丝瓜块炒至变色。

伍 然后加入适量清水,再放入松花蛋块、蚬子尖烧煮至沸,最后加入精盐、白糖、味精、胡椒粉调好口味,离火出锅,装盘上桌即可。

精选美味家常菜

梅干菜烧鸭腿 ★鸭腿软嫩，梅菜干香★

原料 ★ 调料

净鸭腿	2个
梅干菜	100克
大葱	15克
姜块	15克
八角	少许
干辣椒	少许
啤酒	1瓶
精盐	适量
白糖	适量
酱油	适量
水淀粉	适量
植物油	适量

制作方法

壹 姜块去皮，洗净，切成片 ❗；大葱去根和老叶，洗净，切成小段；梅干菜用清水泡发，洗净，沥干水分。

贰 净锅置火上，加入植物油烧至六成热，下入葱段和姜片爆香。

叁 将鸭腿皮朝下放入锅中稍煎，取出，然后放入梅干菜煸炒，加入干辣椒、八角、酱油、啤酒。

肆 再将鸭腿皮朝下放入锅中，加入少许精盐、白糖烧沸，倒入高压力锅中，炖15分钟。

伍 然后倒入炒锅中，置旺火上收浓汤汁，取出鸭腿晾凉，捞出梅干菜，放入盘中垫底。

陆 将鸭腿剁成条块，码放入梅干菜盘中；锅中汤汁用水淀粉勾芡，出锅浇在鸭腿上即可。

奶油鲜蔬鸡块 ★ 色泽淡雅, 奶香浓郁 ★

原料 ★ 调料

鸡腿肉250克, 青红柿子椒、甜玉米粒、核桃仁、鸡蛋各适量。

精盐1小匙, 味精少许, 白糖2小匙, 黄油1大匙, 牛奶250克, 淀粉、面粉、水淀粉、植物油各适量。

制作方法

壹 鸡腿肉去掉筋膜, 用清水洗净, 沥净水分, 切成小块; 青红柿子椒去蒂、去籽, 洗净, 切成丁; 甜玉米粒洗净, 沥净水分。

贰 将切好的鸡腿块放在碗内, 加入少许精盐、鸡蛋液、面粉、植物油调匀。

叁 锅置火上, 加入植物油烧至六成热, 下入鸡腿块炸至熟透, 捞出沥油, 码放在盘内。

肆 净锅复置火上烧热, 加入少许黄油炒至熔化, 放入面粉炒出香味。

伍 倒入牛奶, 再加入精盐、白糖、味精、甜玉米粒和青红柿子椒丁熬煮至浓稠 ❗, 离火出锅, 倒在炸好的鸡块上, 撒上核桃仁, 上桌即可。

吉利豆腐丸子 ★外酥里嫩，鲜香味美★

原料 ★ 调料

北豆腐300克，面包糠150克，鸡蛋2个，鸡蛋黄1个。

大葱、姜块各10克，面粉3大匙，精盐、五香粉各1小匙，味精少许，植物油适量。

制作方法

壹 将北豆腐片去老皮，放在容器内，攥（或搅拌）成碎末；大葱、姜块分别洗净，沥净水分，切成细末，放入豆腐中。

贰 再加入鸡蛋黄、精盐、五香粉、少许面粉和味精搅拌均匀成豆腐蓉。

叁 将豆腐蓉团成直径3厘米大小的丸子，先滚上一层面粉，再裹匀一层鸡蛋液，然后沾上面包糠并轻轻压实成生坯。

肆 净锅置火上，加入植物油烧至五成热，放入豆腐丸子生坯，<u>用中火炸至丸子色泽金黄</u>❶，捞出沥油，码盘上桌即可。

芝麻鸡肝

★ 色泽美观, 酥香味美 ★

原料 ★ 调料

鸡肝300克, 鸡蛋2个, 生芝麻150克。

蒜瓣15克, 大葱、姜块各10克, 精盐、胡椒粉各1小匙, 料酒1大匙, 甜面酱2大匙, 面粉4大匙, 味精、香油各少许, 植物油适量。

制作方法

壹 将大葱、姜块洗净, 用刀拍一下, 放在小碗内, 加入料酒、胡椒粉、精盐和味精搅匀。

贰 将鸡肝去掉白色筋膜, 洗净, 沥净水分, 片成片, 放入葱姜汁内腌渍片刻; 蒜瓣去皮, 切成碎粒, 放在小碗内, 加入甜面酱、香油调匀成味汁。

叁 鸡蛋磕在大碗内, 加入少许胡椒粉、面粉、植物油调匀成鸡蛋糊; 把鸡肝中的葱段、姜片挑出不用, 将鸡肝放入鸡蛋糊中搅匀。

肆 净锅置火上, 加入植物油烧至六成热, 把鸡肝片先滚上一层生芝麻, 再放入油锅内炸至色泽金黄❗, 捞出沥油, 码放在盘内, 随带味汁一起上桌即可。

第四章

水产品

蔬菜食用菌　　畜 肉　　禽蛋豆制品　　❤ 水产品 ❤　　主 食

时蔬三文鱼沙拉 ★造型美观，营养丰富★

原料 ★ 调料

三文鱼	适量
生菜	适量
紫甘蓝	适量
核桃仁	适量
洋葱	适量
青椒	适量
红椒	适量
柠檬	适量
黄瓜	适量
熟芝麻	1少许
精盐	适量
蛋黄酱	适量
酱油	适量
番茄酱	适量
红酒	适量
柠檬汁	适量
橄榄油	适量

制作方法

壹 将三文鱼洗净，切成小条 ❶；紫甘蓝、青椒、红椒、柠檬、黄瓜分别洗净，均切成条。

贰 洋葱洗净，取一半切成条，另一半切成末；生菜择洗干净，撕开后放入盘中垫底。

叁 再间隔码上洋葱条、青椒条、红椒条、柠檬条和黄瓜条，中间码放好三文鱼条，撒上核桃仁。

肆 红酒倒入杯中，加入洋葱末、柠檬汁、精盐、熟芝麻、酱油、橄榄油调拌均匀。

伍 蛋黄酱放入碗中，加入番茄酱、少许洋葱末搅拌均匀，同红酒、蔬菜三文鱼一起上桌即可。

蛋黄文蛤水晶粉 ★ 文蛤嫩鲜, 咸香味美 ★

原料 ★ 调料

文蛤500克, 水晶粉、海带丝各适量, 鸡蛋黄2个。

大葱、姜块各10克, 精盐2小匙, 胡椒粉、料酒各1小匙, 味精、植物油各少许。

制作方法

壹 将文蛤放入淡盐水中浸泡2小时, 再用清水冲洗干净, 沥去水分。

贰 将大葱择洗干净, 切成葱花; 姜块去皮, 用清水洗净, 切成细丝。

叁 锅中加入少许植物油烧热, 放入鸡蛋黄炒散, 再加入适量清水, 放入姜丝, 用旺火煮约5分钟。

肆 然后放入水晶粉、海带丝, 加入精盐、胡椒粉、料酒、味精调味。

伍 最后放入文蛤搅拌均匀, 炖煮约5分钟至熟 ❗, 即可出锅装碗。

酒酿鲈鱼 ★鲈鱼软嫩，酒酿浓香★

原料 ★ 调料

鲈鱼1条，酒酿200克，红尖椒圈少许。

葱段、姜片各10克，精盐3小匙，白糖、胡椒粉各1/2小匙，水淀粉1大匙，酱油1小匙，植物油适量。

制作方法

壹 将鲈鱼洗涤整理干净 **！**，擦净水分，两面剞上一字刀深至鱼骨。

贰 葱段、姜片放入大碗中，加入精盐拌匀，先擦匀鱼身，再放入鱼腹中腌15分钟。

叁 锅置火上，加入植物油烧热，将鲈鱼去净葱姜，放入锅中，煎炸至两面定型、呈金黄色时，取出沥油，放入盘中。

肆 净锅置火上，放入酒酿，加入酱油、精盐、胡椒粉、白糖调味，再撒入红尖椒圈，用水淀粉勾芡，出锅浇在鲈鱼上即可。

海蜇皮拌白菜心 ★色泽淡雅，软滑辣香★

原料 ★ 调料

白菜200克，海蜇皮100克，香菜段20克。

干辣椒15克，花椒10克，精盐、蜂蜜各1小匙，味精少许，酱油1大匙，陈醋2大匙，香油2小匙，植物油适量。

制作方法

壹 将白菜去老叶，洗净，切成细丝；干辣椒剪成小段；海蜇皮切成细丝，放入清水中漂洗干净，捞出沥水。

贰 锅中加入清水烧沸，放入海蜇丝焯烫一下，捞出浸凉，沥干水分。

叁 锅中加入植物油烧热，下入干辣椒段、花椒炸出香味，出锅晾凉成麻辣油。

肆 碗中加入精盐、陈醋、酱油、味精、香油、蜂蜜调拌均匀成味汁。

伍 将海蜇皮丝、白菜丝放入盘中，倒入调好的味汁拌匀，再淋入麻辣油，撒上香菜段❗即成。

肉丝炒海带丝 ★ 海带脆嫩, 鲜咸微辣 ★

原料 ★ 调料

鲜海带丝300克, 猪里脊肉100克, 洋葱、青尖椒、红尖椒各50克, 咸菜丝20克, 鸡蛋清1个, 熟芝麻少许。

姜末5克, 味精、白糖、淀粉、料酒、酱油、米醋、香油、植物油各少许。

制作方法

壹 将鲜海带丝洗净, 沥去水分, 切成段; 洋葱、青尖椒、红尖椒分别洗净, 均切成丝。

贰 猪里脊肉洗净, 切成细丝, 放入碗中, 加入鸡蛋清、淀粉拌匀上浆; 小碗中加入酱油、姜末、白糖、味精、料酒调拌均匀成味汁。

叁 锅中加油烧热, 放入猪肉丝略炒, 取出, 再放入咸菜丝稍炒, 然后放入海带丝、洋葱丝、青椒丝、红椒丝炒匀。

肆 最后放入猪肉丝炒匀, 烹入调好的味汁炒至入味❶, 淋入香油、米醋, 出锅装盘, 撒上芝麻即可。

精选美味家常菜

153

温拌蜇头蛏子 ★ 色泽美观, 清香味美 ★

原料 ★ 调料

蛏子	300克
蜇头	50克
黄瓜	30克
豆皮丝	30克
水发木耳	30克
青椒	20克
红椒	20克
香菜段	10克
葱丝	15克
姜丝	15克
蒜片	15克
精盐	适量
味精	适量
白糖	适量
蚝油	适量
海鲜酱油	适量
生抽	适量
植物油	适量
香油	适量

制作方法

壹 将蛏子放入淡盐水中浸泡2小时, 再用清水漂洗干净, 沥去水分。

贰 锅中加入适量清水烧沸, 放入葱丝、姜丝、蒜片、蛏子煮至开壳, 捞出蛏子去壳, 放入碗中。

叁 蜇头用温水浸泡, 取出, 加入少许淀粉揉搓, 再用清水洗净, 沥去水分, 切成小片。

肆 黄瓜洗净, 切成粗丝; 水发木耳洗净, 撕成小朵; 青椒、红椒去蒂及籽, 洗净, 切成椒圈。

伍 锅中加入植物油烧热, 下入葱丝、姜丝、蒜片、红椒圈炒香, 再加入精盐、味精、白糖、海鲜酱油、蚝油、生抽烧沸成味汁, 倒入碗中。

陆 锅中加入适量清水烧沸, 放入豆皮丝、木耳、蜇头片焯烫一下, 捞出过凉, 放入蛏子碗中。

柒 再放入黄瓜丝, 倒入调好的味汁 ❗, 淋入热油拌匀, 撒上香菜段, 淋入香油, 即可装盘上桌。

韭香油爆虾 ★红绿双色，软嫩清香★

原料 ★ 调料

草虾500克，韭菜80克，熟芝麻少许。

姜末10克，精盐1小匙，白糖、米醋各4小匙，番茄酱2大匙，料酒3小匙，酱油1/2小匙，植物油1000克（约耗50克）。

制作方法

壹 将草虾剪去虾枪、虾腿，剪开背部去沙线，洗净；韭菜择洗干净，沥去水分，切成小段。

贰 锅置火上，加入植物油烧至九成热，放入草虾炸至金红色，捞出，待油温升至八成热时，再放入草虾炸至酥脆，捞出沥油。

叁 锅留底油烧热，下入姜末炒香，再放入番茄酱稍炒❗，加入料酒、精盐、酱油、米醋、白糖炒匀。

肆 然后放入炸好的草虾、韭菜段翻炒均匀，待味汁包裹住虾身后，撒入熟芝麻炒匀，出锅装盘即可。

羊汤酸菜番茄鱼 ★营养丰富, 味美适口★

原料 ★ 调料

净草鱼1条, 羊肉200克, 香菜、四川酸菜各100克, 西红柿75克。

泡椒末30克, 葱段、姜片各15克, 精盐少许, 胡椒粉1小匙, 料酒、植物油各1大匙。

制作方法

壹 将羊肉洗净血污, 放入清水锅中烧沸, 焯烫出血水, 捞出沥净。

贰 锅中加入适量清水, 放入羊肉、葱段和姜块烧沸, 转小火炖至熟嫩成羊肉汤; 西红柿去蒂, 洗净, 切成大块; 净草鱼洗净, 切成大块。

叁 锅中加油烧热, 下入少许葱段和姜片炒香, 再放入四川酸菜和泡椒末煸炒均匀, 下入西红柿块炒至软烂。

肆 然后倒入熬煮好的羊汤烧沸, 加入胡椒粉、精盐和料酒调味, 倒入汤锅中, 置小火上煮至入味 ❗, 最后放入草鱼块炖至熟嫩, 离火上桌即可。

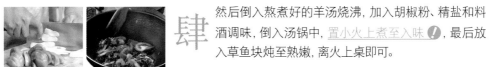

煎蒸银鳕鱼 ★色泽淡雅, 软嫩清香★

原料 ★ 调料

冷冻银鳕鱼250克, 小红尖椒25克, 香菜10克。

大葱15克, 姜块10克, 精盐、料酒、酱油、胡椒粉、白糖、味精、淀粉、植物油各适量。

制作方法

壹 大葱去根和老叶, 洗净, 切成细丝❗; 姜块去皮, 洗净, 切成丝; 小红尖椒去蒂, 切碎; 香菜洗净, 切成小段。

贰 冷冻银鳕鱼化冻, 用干净的毛巾吸干表面水分, 撒上淀粉静置; 将精盐、酱油、料酒、胡椒粉、白糖、味精放入小碗内调拌均匀成味汁。

叁 净锅置火上, 加入植物油烧热, 加入银鳕鱼煎至金黄色, 取出银鳕鱼, 再放入蒸锅内, 用旺火蒸5分钟, 出锅。

肆 将调好的味汁倒在银鳕鱼上, 葱丝、姜丝、香菜、红尖椒拌匀, 撒在银鳕鱼上, 淋上烧热的植物油炝出香味, 上桌即可。

豉椒粉丝蒸扇贝 ★粉丝软嫩，扇贝浓鲜★

原料 ★ 调料

扇贝500克，粉丝50克，小红尖椒25克。

葱花15克，精盐1小匙，鱼露1大匙，豆豉1/2大匙，料酒适量，植物油2大匙。

制作方法

壹 将扇贝刷洗干净，用小刀沿扇贝一侧将扇贝肉与贝壳分开，再把扇贝肉放入淡盐水中浸泡并洗净，沥净水分。

贰 粉丝用温水浸泡至发涨，捞出沥水，用剪刀剪成小段；红尖椒去蒂，用清水洗净，改刀切成碎粒。

叁 锅中加入少许植物油烧热，放入豆豉煸炒出香味，倒入鱼露，加入粉丝段，再烹入料酒翻炒均匀，出锅。

肆 把炒好的粉丝放在扇贝肉上 ❗，再放入扇贝壳内，放入蒸锅内，用旺火蒸10分钟，取出。

伍 扇贝上撒上辣椒碎和葱花，再淋上少许烧热的植物油烄出香味，上桌即可。

锅包鱼片

★ 鱼片外酥里嫩, 口味酸甜适口 ★

原料 ★ 调料

净草鱼 ……	1条(约750克)
话梅 ……………	25克
红辣椒 …………	少许
香菜 ……………	少许
大葱 ……………	15克
姜块 ……………	15克
精盐 ……………	1小匙
番茄酱 …………	1大匙
白糖 ……………	1大匙
面粉 ……………	4大匙
淀粉 ……………	4大匙
料酒 ……………	1大匙
植物油 …………	适量

制作方法

壹 将大葱、姜块分别洗净, 改刀切成丝; 香菜洗净, 切成小段。

贰 将红辣椒洗净, 改刀切成丝; 话梅用温水浸泡, 取话梅水待用。

叁 将净草鱼去骨, 取净鱼肉, 改刀片成片, 加入料酒、精盐拌匀。

肆 将淀粉、面粉、清水和少许植物油放入碗中调拌均匀成面糊。

伍 将草鱼片挂上调好的面糊 ❗, 放入油锅中炸好, 再复炸一次至金黄, 捞出沥油。

陆 将泡话梅水、番茄酱、白糖、少许精盐和料酒放入小碗内调匀, 再入锅翻炒均匀。

柒 然后放入葱丝、姜丝、辣椒丝、香菜段炒匀, 再倒入炸好的鱼片翻炒均匀, 出锅即可。

金丝虾球 ★色泽金黄，酥香脆嫩★

原料★调料

虾仁300克，土豆100克，清水荸荠25克，鸡蛋1个。

大葱、姜块各10克，沙拉酱2大匙，精盐、胡椒粉、料酒各少许，植物油适量。

制作方法

壹 大葱、姜块洗净，切成细末；清水荸荠洗净，拍成末；虾仁去掉沙线，攥干水分，先剁几刀，再加入鸡蛋液，用刀背剁成虾泥。

贰 土豆去皮，洗净，擦成细丝，用清水浸泡；虾泥放在容器内，放入荸荠末、精盐、胡椒粉、料酒、味精搅成馅料。

叁 净锅置火上，放入植物油烧至六成热，把馅料捏成丸子，放入油锅内炸至金黄色，捞出沥油。

肆 再把土豆丝攥干水分，放入油锅中炸至金黄酥脆 ❶，捞出沥油。

伍 把炸好的虾球用沙拉酱拌好，放入土豆丝中攥成球状，装盘上桌即可。

精选美味家常菜

辣豉平鱼

★ 平鱼软嫩，鲜辣豉香 ★

原料 ★ 调料

净平鱼1条，猪五花肉75克，冬笋50克，青蒜末15克。

大葱、姜块、蒜瓣各少许，白糖、精盐、胡椒粉各1小匙，豆瓣酱2大匙，豆豉、料酒、米醋、酱油各1大匙，植物油适量。

制作方法

壹 净平鱼剪去鱼鳍，表面剞上菱形花刀，用干净毛巾吸出水分，放入热油锅中炸至金黄色，捞出沥油。

贰 冬笋去皮，洗净，切成丁；猪五花肉洗净，切成丁；姜块去皮，洗净，切成片；大葱切成小段；蒜瓣一分为二。

叁 锅中留底油，复置火上烧热，加入葱段、姜片、蒜瓣和猪肉丁煸炒出香味，再放入冬笋丁炒至半干，加入豆豉稍炒，转小火，放入豆瓣酱炒匀。

肆 然后再加入料酒、酱油、胡椒粉、白糖、米醋、清水和平鱼炖10分钟，取出平鱼，放入大盘中，锅内汤汁转旺火收浓，撒入青蒜末，出锅淋在平鱼上 ❶ 即可。

油爆河虾 ★ 河虾脆嫩，清香爽口 ★

原料 ★ 调料

河虾400克，小葱25克，红辣椒15克，香菜10克。

姜末15克，蒜末10克，精盐、白糖、料酒、生抽、胡椒粉各少许，香油2小匙，植物油150克（约耗75克）。

制作方法

壹 小葱去掉根须，洗净，取葱叶部分，切成小粒；红辣椒去蒂、去籽，洗净，切成小粒；香菜洗净，切成末。

贰 将小葱粒、红辣椒粒、姜末、蒜蓉和香菜末放在小碗内，再加入精盐 ❗、白糖、料酒、生抽、胡椒粉、香油调拌均匀成味汁。

叁 把河虾放入淡盐水中浸泡并洗净，再放入冷水中洗净，沥净水分。

肆 锅中加油烧热，再加入少许香油烧至八成热，倒入加工好的河虾，快速翻炒至河虾全部变色，出锅沥水。

伍 净锅复置旺火上烧热，倒入煸好的河虾干炒片刻，烹入调好的味汁快速炒匀，出锅装盘即成。

葱油香菌鱼片 ★ <u>鱼片软滑, 葱香味美</u> ★

原料 ★ 调料

净草鱼1条, 杏鲍菇、鸡蛋清各1个, 青豆15克。

葱丝、姜丝各10克, 精盐2小匙, 剁椒、料酒、淀粉各2大匙, 水淀粉少许, 植物油、香油、花椒油各适量。

制作方法

壹 将杏鲍菇用淡盐水浸泡并洗净, 捞出沥水, 切成大片; 锅中加水烧沸, 倒入杏鲍菇略焯一下, 捞出。

贰 将净草鱼剔去鱼骨, 去掉鱼皮, 取净草鱼肉, 片成大片, 放在容器内, 加入少许清水洗净, 再沥净水分, 加入鸡蛋清、淀粉、少许精盐和味精搅拌均匀, 上浆。

叁 净锅置火上, 放入清水和少许植物油烧沸, 放入鱼片焯烫1分钟, 关火后再烫30秒, 捞出。

肆 锅中加入植物油烧热, 放入少许葱丝、姜丝炝锅, 再放入杏鲍菇片炒拌均匀。

伍 然后倒入料酒、精盐、味精、青豆和清水烧沸, <u>用水淀粉勾芡</u> ❶, 放入鱼片煮至熟嫩, 关火后取出, 撒上剁椒、葱丝、姜丝, 浇上烧热的花椒油, 上桌即可。

精选美味家常菜

165

饭酥虾仁豆腐 ★ 色泽美观，软嫩清香 ★

原料 ★ 调料

大米饭	200克
虾仁	150克
豆腐	1块
鸡蛋清	1个
葱末	5克
姜末	5克
精盐	1小匙
胡椒粉	1/2小匙
味精	1/2小匙
淀粉	少许
料酒	2小匙
植物油	适量

制作方法

壹 豆腐放入淡盐水中浸泡并洗净，取出，用刀面碾压成豆腐泥。

贰 将大米饭放入大碗中，加入适量清水调拌均匀，再沥干水分。

叁 虾仁去除沙线，洗净，沥净水分，用刀背剁成虾泥，放入碗中。

肆 再加入料酒、精盐、鸡蛋清、胡椒粉、葱末、姜末搅匀至上劲，然后放入淀粉、豆腐泥调拌均匀，制成豆腐虾泥馅料。

伍 在大米饭中放入淀粉拌匀，裹上调好的豆腐虾泥馅料，团成生坯。

陆 净锅置火上，加入植物油烧至六成热，放入生坯煎约5分钟至熟 ❶，出锅装盘即可。

167

鸡米豌豆烩虾仁 ★虾仁鲜香, 鸡米软滑 ★

原料 ★ 调料

虾仁150克, 鸡头米（芡实）100克, 豌豆50克, 鸡蛋清1个。

葱末、姜末各5克, 精盐、淀粉各2小匙, 味精、胡椒粉各1/2小匙, 水淀粉1大匙, 植物油适量。

制作方法

壹 将虾仁由背部切开, 去除沙线, 洗净, 放入碗中, 加入少许精盐、味精、胡椒粉、鸡蛋清、淀粉调拌均匀。

贰 鸡头米用清水浸泡30分钟, 再放入清水锅中烧沸, 转小火煮20分钟, 取出。

叁 锅中加入适量清水烧沸, 加入少许精盐, 放入虾仁焯至变色, 捞出沥水。

肆 锅中加入少许植物油烧热, 下入葱末、姜末炒香, 加入清水烧沸, 再加入少许精盐、味精、胡椒粉调好口味, 放入豌豆煮沸。

伍 然后用水淀粉勾芡, 放入煮好的鸡头米、虾仁炒匀 ❶, 出锅装碗即可。

苦瓜鲈鱼汤

★ 鲈鱼软嫩, 鲜咸汤香 ★

原料 ★ 调料

鲈鱼1条(约600克), 苦瓜150克, 枸杞子少许, 鸡蛋2个。

大葱、姜块各15克, 精盐2小匙, 料酒1大匙, 香油、植物油各3大匙。

制作方法

壹 苦瓜去掉瓜瓤, 用清水洗净, 改刀切成薄片; 姜块去皮, 洗净, 切成小片; 大葱择洗干净, 切成小段。

贰 鸡蛋磕在碗内, 用筷子搅匀成鸡蛋液; 鲈鱼去掉鱼鳞 ❶、鱼鳃和内脏, 洗净, 在表面剞上一字花刀。

叁 净锅置火上, 加入植物油烧至六成热, 加入鲈鱼煎好后取出。

肆 锅中留底油, 复置火上烧热, 加入葱段、姜片煸香, 再放入鸡蛋液煎好后加入适量清水, 放入煎好的鲈鱼烧沸。

伍 然后加入料酒, 旺火炖至熟嫩, 再加入精盐、香油调味, 放入苦瓜片和枸杞子调匀, 出锅装碗即可。

腐乳醉虾 ★鲜虾软嫩, 腐汁咸香 ★

原料 ★ 调料

鲜草虾400克, 莴笋丝50克, 青尖椒、红尖椒各15克。

小葱20克, 精盐、白糖、香油、味精各2小匙, 味精少许, 红腐乳1块, 高度白酒5小匙。

制作方法

壹 鲜草虾去虾头、去外壳, 挑出沙线, 洗净, 放入淡盐水中泡30分钟。

贰 将小葱去根, 洗净, 切成小段; 青尖椒、红尖椒洗净, 均切成椒圈。

叁 碗中加入红腐乳、香油、高度白酒、精盐、白糖、味精调匀成味汁。

肆 锅中加入清水烧沸, 放入草虾焯熟, 捞入凉开水中冷却, 捞出沥水。

伍 放入用莴笋丝垫底的盘中, 调好的味汁放入葱段、青、红尖椒圈调匀, 浇在虾上即可 ❶。

烧汁煎贝腐 ★色泽淡雅, 鲜咸味美 ★

原料 ★ 调料

鲜贝150克, 鸡蛋2个, 熟芝麻20克。

葱段20克, 姜片15克, 精盐1/2小匙, 酱油4小匙, 料酒、老抽各2小匙, 胡椒粉1小匙, 蜂蜜1大匙, 植物油100克。

制作方法

壹 将鲜贝洗涤整理干净; 取小碗, 加入老抽、蜂蜜、酱油、熟芝麻调拌均匀成味汁。

贰 鲜贝、葱段、姜片放入搅拌机内, 再磕入鸡蛋, 加入胡椒粉、料酒及少许植物油搅打成贝泥, 倒入碗中, 然后加入精盐搅匀至上劲。

叁 取盘子1个, 盘底淋上少许植物油, 再倒入搅好的鲜贝泥, 用小匙摊平。

肆 锅中加入适量植物油烧热, 放入摊平的鲜贝泥, 转小火煎至鲜贝泥两面熟透、呈淡黄色时, 出锅装盘。

伍 用小刀将煎好的鲜贝腐切成条状, 淋入调好的味汁❶, 即可上桌。

芦蒿豆干鱿鱼丝 ★色泽美观，清香味浓★

原料 ★ 调料

芦蒿⋯⋯⋯⋯⋯⋯⋯ 250克
豆腐干⋯⋯⋯⋯⋯⋯ 200克
干鱿鱼⋯⋯⋯⋯⋯⋯ 100克
青椒⋯⋯⋯⋯⋯⋯⋯ 25克
红椒⋯⋯⋯⋯⋯⋯⋯ 25克
海米⋯⋯⋯⋯⋯⋯⋯ 25克
大葱⋯⋯⋯⋯⋯⋯⋯ 20克
姜块⋯⋯⋯⋯⋯⋯⋯ 20克
蒜瓣⋯⋯⋯⋯⋯⋯⋯ 15克
精盐⋯⋯⋯⋯⋯⋯⋯ 2小匙
味精⋯⋯⋯⋯⋯⋯ 1/2小匙
白糖⋯⋯⋯⋯⋯⋯⋯ 1小匙
酱油⋯⋯⋯⋯⋯⋯⋯ 1大匙
料酒⋯⋯⋯⋯⋯⋯⋯ 2大匙
水淀粉⋯⋯⋯⋯⋯⋯ 少许
植物油⋯⋯⋯⋯⋯⋯ 适量
香油⋯⋯⋯⋯⋯⋯⋯ 适量

制作方法

壹 豆腐干切成丝；青椒、红椒去蒂、去籽，用清水洗净，沥去水分，均切成丝❶。

贰 芦蒿去根，用清水洗净，切成小段；大葱、姜块、蒜瓣分别洗净，均切成碎末；海米用温水浸泡并洗净杂质，捞出沥水。

叁 净锅置火上，加入植物油烧至四成热，放入干鱿鱼煎炸一下，捞出沥油，剪成细丝。

肆 净锅置火上，加入植物油烧至五成热，下入海米、葱末、姜末和蒜末炝锅出香味。

伍 再放入豆腐干丝、芦蒿段、干鱿鱼丝、青椒丝、红椒丝翻炒均匀。

陆 烹入料酒，加入白糖、精盐、酱油、味精调好口味，用水淀粉勾薄芡，淋入香油，出锅装盘即可。

蒜烧鳝鱼 ★鳝鱼软滑，蒜香味浓 ★

原料 ★ 调料

鳝鱼2条(约400克)，冬笋150克，青、红椒各50克。

姜块10克，蒜瓣50克，精盐2小匙，味精1小匙，白醋少许，白糖1大匙，酱油2大匙，胡椒粉少许，料酒、水淀粉、植物油各适量。

制作方法

壹 将鳝鱼洗涤整理干净，切成小段；姜块去皮，洗净，切成细末；蒜瓣洗净，切成小片。

贰 冬笋去皮，洗净，切成小块；青、红椒去蒂及籽，洗净，切成小块。

叁 锅中加入植物油烧至六成热，放入鳝鱼段炸至变色，捞出沥油。

肆 坐锅点火，加入少许植物油烧热，先下入蒜片、姜末炒出香味，再放入冬笋、青、红椒块略炒一下，烹入料酒，加入酱油炒匀。

伍 然后放入鳝鱼段，加入精盐、味精、胡椒粉、白糖烧至入味，用水淀粉勾芡，淋入白醋，即可出锅装盘。

避风塘带鱼

★ 鱼肉软嫩，鲜咸酥香 ★

原料 ★ 调料

带鱼500克，青椒、红椒各1个。

蒜蓉75克，花椒水2大匙，精盐、白糖、料酒、黑豆豉、味精各适量，淀粉适量，植物油750克(约耗75克)。

制作方法

壹 带鱼去掉头、尾和内脏，洗净，改刀切成大块，加上花椒水、料酒及少许精盐调拌均匀，腌制片刻。

贰 将青椒、红椒去蒂及籽，洗净，切成椒圈；腌制好的带鱼沥出水分，用餐巾纸吸出水分，抹上少许淀粉。

叁 净锅置火上，加入植物油烧热，放入带鱼块炸至酥脆，捞出，将蒜蓉放入油锅中炸至金黄色，捞出蒜蓉。

肆 锅中留少许炸蒜蓉的油烧热，倒入黑豆豉煸炒 ❗ 片刻出香味。

伍 加入料酒、白糖、精盐和味精快速翻炒均匀，放入青、红椒圈、蒜蓉和带鱼块炒匀，出锅装盘即可。

麻辣虾 ★ 色泽红亮，麻辣浓鲜 ★

原料 ★ 调料

草虾500克，干辣椒15克。

葱白、姜块各10克，味精、香叶、八角、桂皮、丁香各少许，小茴香、孜然各1/2小匙，花椒2大匙，精盐、白糖各2小匙，胡椒粉1小匙，料酒4小匙，植物油3大匙。

制作方法

壹 草虾洗净，煎掉虾头，去掉虾须及虾尾，剪开背部，挑除沙线。

贰 干辣椒用清水浸泡20分钟；葱白洗净，切成细末；姜块去皮，洗净，切成小片。

叁 锅置火上烧热，放入花椒，泡好的干辣椒略炒一下，再加入少许植物油、小茴香、孜然、香叶、八角、桂皮、丁香及适量清水煮约40分钟。

肆 然后加入精盐、白糖、胡椒粉、料酒、味精、葱末、姜片，<u>放入草虾煮沸至虾熟</u> ❗，关火后浸泡30分钟，即可出锅装盘。

酱瓜虾仁 ★色泽美观，清香味美★

原料 ★ 调料

虾仁300克，酱黄瓜1根，胡萝卜50克，荸荠、鲜豌豆各30克，鸡蛋清1个。

葱花、姜片各5克，精盐、胡椒粉各1小匙，味精、白糖各1/2小匙，淀粉1大匙，料酒4小匙，香油少许，植物油适量。

制作方法

壹 荸荠去皮，洗净，切成小丁；胡萝卜、酱黄瓜洗净，均切成丁；虾仁洗净，切成丁，加入鸡蛋清、精盐、胡椒粉、料酒、淀粉拌匀，静置1小时。

贰 锅置火上，加入植物油烧热，下入虾仁滑油至熟 ❶，捞出沥油。

叁 锅中留底油烧热，下入葱花、姜片炒香，放入胡萝卜丁、酱黄瓜丁炒匀。

肆 再加入料酒、胡椒粉、白糖调味，放入荸荠丁、豌豆及少许清水烧沸。

伍 然后加入味精，用水淀粉勾芡，再放入虾仁炒匀，淋入香油，出锅装盘即可。

精选美味家常菜

177

酸辣墨鱼豆腐煲 ★鱼丸软滑, 酸辣浓鲜★

原料 ★ 调料

墨鱼	200克
鲜香菇	75克
炸豆泡	25克
鸡蛋	1个
柠檬	半个
葱段	10克
姜片	10克
蒜瓣 (拍碎)	10克
精盐	1小匙
味精	少许
胡椒粉	少许
泡椒末	2小匙
面粉	1大匙
醪糟	1大匙
植物油	1大匙

制作方法

壹 将墨鱼去掉筋膜和内脏, 用清水浸泡并洗净, 沥净水分, 切成小块。

贰 将墨鱼放入搅拌器中, 加入精盐和少许葱段、姜片, 磕入鸡蛋, 再加入面粉搅打成墨鱼糊。

叁 将鲜香菇去蒂, 洗净, 沥去水分, 切成片; 柠檬洗净, 切成小片。

肆 净锅置火上, 加入植物油烧至六成热, 先下入葱段、姜片和蒜瓣炝锅。

伍 再加入泡椒末炒出香辣味, 加入醪糟、柠檬片、适量清水煮沸。

陆 转中小火炖约10分钟, 放入香菇片, 然后把墨鱼糊挤成小丸子, 放入锅中煮10分钟。

柒 最后放入炸豆泡, 加入胡椒粉、味精稍煮片刻❶至浓香入味, 出锅倒入汤碗中即可。

火爆鱿鱼 ★鱿鱼滑嫩, 香辣适口★

原料 ★ 调料

鲜鱿鱼400克, 青椒、红椒各50克, 冬笋25克。

葱丝、姜丝各5克, 精盐1小匙, 白糖、酱油各1小匙, 白酒1大匙, 味精、淀粉各少许, 香油、胡椒粉各少许, 植物油适量。

制作方法

壹 将鲜鱿鱼去掉内脏和须, 用清水漂洗干净, 沥净水分, 切成小圈, 放入碗内, 加入酱油、少许白酒、味精和淀粉搅拌均匀。

贰 将青椒、红椒去蒂、去籽, 洗净, 切成小条; 冬笋洗净, 切成小片。

叁 净锅置火上, 加油烧热, 放入切好的鱿鱼圈炸至半干后取出, 再放入冬笋片炸至色泽微黄❗, 捞出沥油。

肆 锅中留底油, 复置火上烧至六成热, 加入葱丝、姜丝爆香出味, 再放入白糖、香油、精盐、胡椒粉、白酒调匀, 然后加入味精调匀。

伍 再改用大火, 放入青椒、红椒、鱿鱼、冬笋翻炒均匀, 烹入少许白酒, 即可出锅装盘。

香辣螺蛳 ★ 螺肉软滑，香辣味浓 ★

原料 ★ 调料

螺蛳750克。

葱白、姜块各15克，香叶、桂皮、八角、花椒各少许，干辣椒10克，精盐2小匙，豆瓣酱3大匙，甜面酱1小匙，酱油4小匙，料酒1大匙，白糖、味精、植物油各适量。

制作方法

壹 将螺蛳洗净，放入盆中，加入清水、精盐和少许植物油拌匀，浸泡2小时使其吐净泥沙，再用清水反复洗净，捞出沥干。

贰 锅中加入适量清水烧沸，放入螺蛳煮熟，捞出装碗；姜块去皮，洗净，切成小片；葱白择洗干净，切成小条。

叁 锅中加入适量植物油烧至七成热，放入葱条、姜片、香叶、桂皮、八角、花椒、干辣椒，用小火略炒一下。

肆 再加入豆瓣酱、甜面酱、料酒、酱油、白糖、味精炒香，然后放入螺蛳，改用大火翻炒均匀 ❶，即可出锅装盘。

咸菜蒸鱼

★ 鱼肉软嫩，鲜咸浓香 ★

原料 ★ 调料

活草鱼1条，榨菜150克，猪五花肉100克，红椒圈、香菜段各少许。

葱丝、姜丝各20克，精盐、胡椒粉、白糖、料酒、酱油、香油、植物油各少许。

制作方法

壹 将榨菜用清水浸泡以去除部分咸味，洗净，切成细丝；猪五花肉洗净，切成丝。

贰 将草鱼宰杀，去鳃、去鳞，剖腹去除内脏，洗净，沥去水分，切成段，放入容器中，加入料酒、味精、少许葱丝、姜丝、精盐、胡椒粉拌匀，腌至入味。

叁 锅置火上，加入少许植物油烧热，下入葱丝、猪肉丝、榨菜丝煸炒，再加入料酒、白糖、味精调味，淋入香油，将腌好的鱼段摆入大碗中，倒入炒好的榨菜肉丝❶。

肆 锅置火上，加入适量清水烧沸，放入草鱼蒸10分钟至熟，取出，撒上少许葱丝、姜丝、红椒圈、香菜段，浇上热油即成。

鱼面筋烧冬瓜 ★色泽美观，软嫩鲜香★

原料 ★ 调料

草鱼肉、冬瓜各200克，鲜香菇80克，鸡蛋2个，枸杞子15粒，香菜末少许。

葱丝、姜丝各10克，精盐、味精各1/2小匙，料酒4小匙，胡椒粉、淀粉各2小匙，水淀粉2大匙，植物油适量。

制作方法

壹 草鱼肉洗净，切成小块，放入粉碎机中，加入鸡蛋液、料酒打碎成泥，倒入碗中，加入胡椒粉、精盐、淀粉搅拌均匀至上劲，挤成小丸子。

贰 将冬瓜去皮、去瓤，洗净，切成大块；鲜香菇去蒂，洗净，切成小块。

叁 锅置火上，加入植物油烧热，下入小丸子炸至浅黄色成鱼面筋，捞出沥油。

肆 锅留底油烧热，下入葱丝、姜丝炒香，加入料酒、清水、胡椒粉、精盐，再放入冬瓜块、香菇块烧沸 ❗，然后放入鱼面筋煮5分钟，用水淀粉勾芡。

伍 最后放入枸杞子，调入味精，倒入砂锅中，撒上香菜末，原锅上桌即可。

桂圆鱼头猪骨煲 ★鱼头软滑，浓香味重★

原料 ★ 调料

鱼头1个，猪腔骨250克，桂圆25克。

大葱、姜块各25克，干辣椒10克，精盐2小匙，米醋1小匙，啤酒适量。

制作方法

壹 将鱼头去掉鱼鳃，放入淡盐水中洗净，捞出沥水，放入清水锅中，加入大葱、姜块，上火焯烫一下，捞出沥水。

贰 猪腔骨洗净，放入清水锅中烧沸，焯烫一下，捞出用清水洗净，沥去水分；桂圆剥去外壳，去掉果核，取桂圆肉洗净，沥净水分。

叁 猪腔骨放入电紫砂煲中垫底，再摆上鱼头，加入桂圆肉❶，然后放入大葱、姜块和干辣椒，加入米醋，倒入适量啤酒淹没鱼头。

肆 盖上煲盖，按养生汤键（中温）加热约60分钟至熟嫩，加入精盐调好口味，出锅装碗即可。

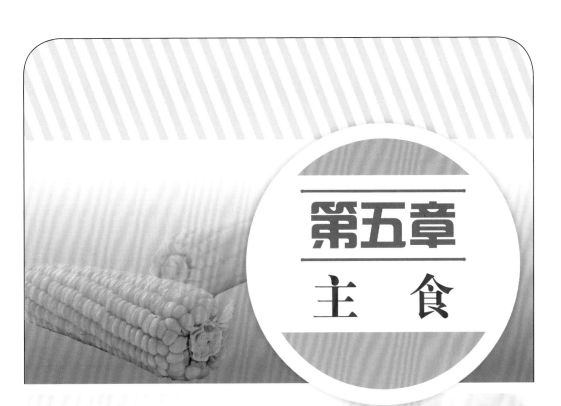

第五章

主 食

蔬菜食用菌　畜肉　禽蛋豆制品　水产品

主食

牛肉酥饼 ★外酥里嫩, 馅料浓香 ★

原料 ★ 调料

面粉	300克
牛肉馅	200克
鸡蛋	1个
大葱	25克
精盐	少许
花椒粉	2小匙
甜面酱	1大匙
香油	3小匙
植物油	适量

制作方法

壹 鸡蛋磕入碗中搅拌均匀成鸡蛋液; 大葱择洗干净, 切成葱花。

贰 牛肉馅放入大碗中, 加入鸡蛋液❶、花椒粉和甜面酱拌匀, 再加入味精、香油充分搅拌均匀至上劲, 静置10分钟。

叁 面粉放入容器中, 加入适量温水和精盐拌匀, 再反复揉搓均匀成温水面团。

肆 将温水面团放入另一容器内, 加入植物油, 盖上湿布, 饧约30分钟。

伍 把饧好的面团放在案板上, 揉搓成长条, 再切成小面剂, 擀成薄面皮, 包上牛肉馅和葱花, 卷起按扁后成圆饼状。

陆 将饼铛预热, 加入少许植物油, 放入牛肉饼煎至酥软熟香, 出锅装盘即可。

茶香炒饭 ★饭嫩虾鲜，茶香味美★

原料 ★ 调料

大米饭400克，虾仁150克，黄瓜25克，青豆15克，龙井茶10克，鸡蛋3个。

葱花15克，精盐2小匙，胡椒粉少许，植物油适量。

制作方法

壹 将龙井茶放入茶杯内，倒入适量的沸水浸泡成茶水，捞出茶叶；虾仁去掉沙线，洗净，从虾背部切开。

贰 大米饭放入容器中，加入鸡蛋液搅拌均匀；黄瓜洗净，切成小丁。

叁 净锅置火上，加入植物油烧至五成热，<u>放入虾仁煸炒出香味</u>❗，盛出。

肆 原锅复置火上，加入少许植物油烧至六成热，放入调拌好的大米饭，用旺火翻炒片刻。

伍 再加入胡椒粉、精盐，放入青豆、黄瓜丁、味精、葱花、虾仁翻炒均匀，然后放入茶叶炒匀，出锅盛入大碗中，再把泡好的龙井茶水浇在米饭周围即可。

台式卤肉饭 ★ 肉香蛋纯，风味别样 ★

原料 ★ 调料

大米饭250克，猪五花肉200克，香菇15克，鸡蛋1个。

葱段、姜片各15克，蒜瓣10克，桂皮、八角、陈皮、精盐、胡椒粉各少许，冰糖2小匙，料酒1大匙，酱油3大匙，植物油2大匙。

制作方法

壹 猪五花肉用清水洗净，切成长条；鸡蛋洗净，放入冷水锅中，置火上煮熟，捞出，用冷水过凉，剥去外壳。

贰 香菇用清水洗净，再换清水浸泡至发涨，择洗干净，切成小粒（泡香菇的水过滤后留用）。

叁 锅中加油烧热，下入葱段、姜片、蒜瓣、桂皮、陈皮、八角炸出香味，再放入料酒、酱油、香菇粒炒匀，添入适量清水，放入猪肉块和冰糖，用旺火烧沸。

肆 然后放入鸡蛋、香菇水、胡椒粉，转中火烧焖15分钟，取出肉块晾凉，切成丁，再放入原锅中，用旺火煮沸 ❶，转小火炖约20分钟至熟，出锅浇在大米饭上即可。

番茄麻辣凉面 ★面条软糯，麻烦酸香 ★

原料 ★ 调料

面粉300克，鸡胸肉150克，黄瓜丝50克，熟芝麻少许。

辣椒酥30克，葱末、姜末、蒜蓉、熟花椒、味精各少许，精盐、米醋各1小匙，白糖2小匙，番茄酱、酱油各3大匙，芝麻酱3小匙，植物油适量。

制作方法

壹 辣椒酥切成小段，与熟花椒一起放入粉碎机中搅成碎末，装入盘中。

贰 碗中加入芝麻酱、米醋、酱油、精盐、味精、白糖、姜末、蒜蓉及打碎的辣椒酥调拌均匀，再浇入烧热的植物油搅匀成味汁。

叁 鸡胸肉剔去筋膜，洗净，再放入清水锅中煮熟，捞出晾凉，撕成细丝，鸡汤留用。

肆 面粉放入碗中，加入适量鸡汤、番茄酱、精盐搅匀，揉成面团，盖上湿布，饧30分钟，擀成大薄片，切成细条。

伍 锅中加入清水烧沸，放入番茄面条煮熟，捞入大碗中，淋入少许香油拌匀，晾凉，装入盘中 ❗，再放上黄瓜丝、鸡肉丝，浇上味汁，撒上葱末即可。

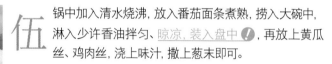

芹菜鸡肉饺 ★馅料清香, 味美可口★

原料 ★ 调料

面粉、芹菜、鸡肉馅、干香菇各适量, 鸡蛋1个。

葱白、姜块各20克, 精盐适量, 味精少许, 胡椒粉1小匙, 料酒2小匙, 香油4小匙。

制作方法

壹 将干香菇放入粉碎机中打成粉状, 放入碗中, 加入适量开水调匀成香菇酱; 姜块去皮, 洗净, 切成细末; 葱白洗净, 切成细末; 芹菜择洗干净, 切成细末。

贰 鸡肉馅放入大碗中, 加入葱末、姜末、鸡蛋液、香油、胡椒粉、精盐、味精搅拌均匀至上劲, 再放入香菇酱、芹菜末, 加入料酒搅匀成馅料。

叁 面粉放入盆中, 加入适量清水调匀, 揉搓均匀成面团, 饧约10分钟。

肆 将饧好的面团放在案板上, 搓成长条状, 每15克下一个面剂, 擀成面皮, 放入适量馅料❗, 捏成半月形饺子。

伍 锅置火上, 加入适量清水和少许精盐烧沸, 放入饺子煮熟, 捞出装盘即成。

双色菊花酥 ★酥香脆嫩，甜润清鲜★

原料 ★ 调料

面粉	300克
菊花	5克
鸡蛋	2个
红樱桃	少许
蜂蜜	适量
植物油	适量

制作方法

壹 将菊花洗净，放入杯中，加入适量热水浸泡成菊花茶，晾凉。

贰 面粉放入容器中，加入鸡蛋液，倒入菊花茶和匀成面团，拍上少许清水，盖上湿布，饧10分钟。

叁 将饧好的面团揉搓成长条，再切成每个25克的小面剂，擀成圆形面皮，每个面皮先切成4小块扇形。

肆 再把4小块扇形面皮叠起来，切成细丝，用筷子夹起并从中间按下成菊花酥生坯。

伍 净锅置火上，加入植物油烧热，放入菊花酥生坯炸至熟脆 ⓘ，捞出沥油。

陆 把菊花酥摆放入盘中，中间用红樱桃点缀，再淋上蜂蜜即可。

牛肉茄子馅饼 ★面剂外酥里嫩, 馅料浓香味美 ★

原料 ★ 调料

面粉400克, 长茄子200克,
牛肉馅150克。

葱末、姜末各5克, 胡椒粉
少许, 精盐、花椒水、香油、
料酒各适量, 黄酱2大匙,
植物油适量。

制作方法

壹 长茄子去蒂, 洗净, 刮去外皮, 放入蒸锅中蒸至熟嫩,
取出, 放入容器中。

贰 加入黄酱、葱末、姜末搅拌成茄子泥, 再加入香油、料
酒、胡椒粉、花椒水搅拌至入味, 晾凉后加入牛肉馅调
拌均匀成茄泥牛肉馅料。

叁 面粉放入容器中, 加入适量温水和成面团, 揉匀后饧约
15分钟。

肆 把面团揪成面剂, 擀成面皮, 包上调好的馅料, 收口后
按扁成馅饼生坯。

伍 平锅置火上, 加入植物油烧热, 放入馅饼生坯, 用中小
火烙至馅饼熟嫩, 取出装盘即可。

糯米烧卖

★ 馅料软糯，清香适口 ★

原料 ★ 调料

馄饨皮10张，猪肉250克，糯米75克，冬笋末、香菇末、青豆各适量。

葱末、姜末各10克，八角、桂皮各少许，精盐、白糖、胡椒粉各1小匙，料酒、酱油、香油、植物油各1大匙。

制作方法

壹 将猪肉去掉筋膜，洗净，剁成蓉，放在容器内，加入植物油调拌均匀。

贰 净锅置火上烧热，放入淘洗好的糯米煸炒5分钟，出锅。

叁 锅中加油烧热，加入葱末、姜末、八角、桂皮炒出香味，再放入香菇末、冬笋末稍炒，加入猪肉蓉煸炒至变色。

肆 然后放入料酒、胡椒粉、酱油和少许清水煮出香味，加入白糖和味精调匀，最后倒入炒好的糯米调拌均匀。

伍 出锅后放入蒸锅内蒸10分钟，出锅晾凉，加入香油拌匀成糯米馅料，将馅料用馄饨皮包好成烧卖，中间放一粒青豆，放入蒸锅内蒸熟 ❗，出锅装盘即可。

翡翠拨鱼 ★ 色泽美观，营养均匀 ★

原料 ★ 调料

菠菜200克，猪肉末150克，面粉100克，茄子、绿豆芽各75克，青椒、红椒各25克，鸡蛋1个。

葱末、姜末各10克，精盐1小匙，胡椒粉少许，酱油2小匙，料酒1大匙，味精、植物油、花椒油各适量。

制作方法

壹 菠菜择洗干净，放入沸水锅内焯烫一下，捞出沥水，放入粉碎机中，再加入鸡蛋液、精盐、料酒和清水搅打成泥，取出，拌入面粉成糊状，饧20分钟。

贰 茄子去蒂及皮，洗净，切成丁；青红椒洗净，切成丁，猪肉末放在碗内，加入料酒、酱油、胡椒粉、植物油拌匀。

叁 锅中加油烧热，加入姜末炝锅，放入肉末略炒，加入茄子丁和少许清水炖5分钟，再加入酱油、精盐、胡椒粉和味精，加入青红椒丁炒匀，出锅淋入热花椒油成面卤。

肆 锅置火上，放入清水烧煮至沸，加上少许精盐，用筷子拨入面糊成拨鱼 ❶，再加入洗净的豆芽稍煮片刻，出锅盛放在大碗内，淋上面卤，上桌即可。

羊肉胡萝卜锅贴 ★皮酥馅香，鲜咸味美★

原料 ★ 调料

面粉300克，胡萝卜200克，羊肉馅100克，芹菜50克，鸡蛋1个。

精盐、味精各少许，料酒、香油各4小匙，酱油1大匙，五香粉2小匙，植物油适量。

制作方法

壹 将胡萝卜洗净，用礤板擦成细丝，放入碗中，加入少许精盐搅匀，腌10分钟；芹菜择洗干净，切成细末，放入盛有胡萝卜丝的碗中搅拌均匀。

贰 羊肉馅放入碗中，加入五香粉、料酒、鸡蛋液、香油、酱油、味精、精盐拌匀，再放入腌好的胡萝卜丝和芹菜末搅拌均匀，制成馅料，放入冰箱冷藏30分钟，取出。

叁 面粉放入小盆中，加入少许清水调匀，揉搓均匀成面团，饧10分钟。

肆 将饧好的面团放在案板上，先搓成长条状，每15克下一个面剂，再擀成圆形面皮，中间包入馅料，捏成锅贴。

伍 将锅贴整齐地摆放在电饼铛中 ❗，加入少许植物油、清水，盖上盖，烙10分钟至熟嫩，取出锅贴，装盘上桌即可。

虾肉大云吞 ★云吞味美, 汤汁清香 ★

原料 ★ 调料

云吞皮	适量
虾仁	300克
荸荠	适量
豌豆	适量
裙带菜	适量
黄瓜	适量
蒜黄	适量
鸡蛋清	1个
葱末	5克
姜末	5克
精盐	2小匙
淀粉	2小匙
味精	少许
胡椒粉	1/2大匙
料酒	1/2大匙
香油	3小匙

制作方法

壹 虾仁洗净, 一半剁碎, 另一半切成小丁, 加入葱末、姜末、豌豆、拍碎的荸荠拌匀。

贰 再加入鸡蛋清、香油、料酒、精盐、胡椒粉、淀粉搅拌均匀成馅料, 静置30分钟。

叁 黄瓜去蒂, 洗净, 切成片; 裙带菜洗净, 切成段 ❗; 蒜黄择洗干净, 切成小段。

肆 将黄瓜片、裙带菜、蒜黄段放入大碗中, 加入精盐、味精、胡椒粉、香油和适量沸水。

伍 将云吞片擀薄, 包入馅料成云吞生坯, 放入沸水锅中煮熟, 捞出, 放入调好的大碗汁中, 上桌即可。

奶油发糕 ★软嫩甜香, 味美适口 ★

原料 ★ 调料

面粉400克, 鸡蛋6个, 果料适量。

白糖200克, 牛奶4大匙, 黄油3大匙, 酵母粉2小匙, 苏打粉少许。

制作方法

壹 将鸡蛋磕入容器内, 加入黄油调拌均匀, 再加上白糖搅匀。

贰 将酵母粉放在小碗内, 加入少许温水调匀, 再加入苏打粉搅匀。

叁 倒入盛有鸡蛋液和黄油的容器内, 充分搅拌均匀, 再放入面粉, 加入牛奶调成浓稠的糊状, 静置20分钟。

肆 将准备好的果料切成小丁, 取一半料丁, 撒在容器底部, 然后倒入发酵好的面糊, 再把剩余的果料丁撒在上面❶。

伍 蒸锅置火上, 加入清水烧沸, 放入发糕生坯, 用旺火蒸约10分钟至熟, 出锅装盘即可。

精选美味家常菜

200

鱿鱼饭筒

★ 鱿鱼软滑, 米饭清香 ★

原料 ★ 调料

鲜鱿鱼400克, 大米饭200克, 猪肉末150克, 香菇末、冬笋末各25克。

葱末、姜末各5克, 料酒、老抽各1小匙, 生抽2小匙, 蜂蜜4小匙, 白糖、植物油各少许。

制作方法

壹 将鲜鱿鱼去掉外膜、内脏和鱿鱼须, 用清水浸泡并洗净, 放入沸水中焯烫30秒, 捞出鱿鱼筒, 沥干水分。

贰 锅中加油烧热, 下入葱末、姜末炒香, 加入猪肉末、料酒和少许清水略炒, 放入香菇末和冬笋末煸香, 再加入少许生抽、白糖和味精炒匀, 关火后放入米饭拌匀成馅料。

叁 把调制好的馅料酿入鱿鱼筒内, 用牙签串上封住成鱿鱼筒, 把老抽、生抽、蜂蜜放在小碗内调拌均匀成酱汁。

肆 锅置火上, 加油烧热, 放入鱿鱼筒, 用小火煎一下, 浇淋上酱汁煎透, 取出鱿鱼筒, 去掉牙签, 切成条❶, 装盘上桌即可。

咖喱牛肉饭 ★牛肉软嫩, 咖喱味香 ★

原料 ★ 调料

牛肉200克, 大米饭、土豆、洋葱、胡萝卜各适量。

姜片10克, 香叶、八角、花椒各少许, 精盐少许, 面粉1大匙, 酱油2小匙, 料酒1大匙, 黄油适量, 咖喱块25克。

制作方法

壹 土豆去皮, 洗净, 切成块; 洋葱洗净, 切成细丝; 胡萝卜去皮, 洗净, 切成小块。

贰 牛肉洗净, 切成大块, 放入高压锅内, 加入清水、姜片、料酒压制25分钟。

叁 锅中放入黄油炒至熔化, 加入土豆块、洋葱和胡萝卜炒匀, 再放入八角、香叶、花椒、料酒煸炒约5分钟, 关火。

肆 将炒好的蔬菜放入牛肉中高压锅, 再压几分钟待用; 锅复置火上, 加入少许黄油, 放入面粉, 用小火炒香。

伍 倒入压好的牛肉和蔬菜, 改用旺火, 放入咖喱块煮约2分钟, 然后放入酱油调好颜色, 出锅浇在米饭上❗即成。

意式肉酱面

★ 意面软滑, 肉酱浓香 ★

原料 ★ 调料

意大利面400克, 西红柿75克, 牛肉馅100克, 洋葱50克, 西芹、胡萝卜各25克。

姜块10克, 番茄酱4小匙, 酱油3小匙, 黑胡椒少许, 蒜蓉、芝士粉各适量。

制作方法

壹 将西芹、胡萝卜、洋葱、姜块分别洗净, 切成碎末; 西红柿洗净, 切成小丁。

贰 净锅置火上, 放入黄油、洋葱、姜末、芹菜、胡萝卜末煸炒出香味, 再改用小火煮约20分钟至浓稠成肉酱汁, 出锅倒在容器内。

叁 然后改用小火煮约20分钟至浓稠成肉酱汁, 出锅倒在容器内。

肆 锅置火上, 加入清水烧沸, 放入意大利面煮约15分钟至熟, 捞出。

伍 平锅置火上, 放入少许黄油和蒜蓉煸炒出香味, 倒入意面炒匀, 出锅放在容器内, 把肉酱汁浇在面条❶, 撒上芝士粉上即可。

茶香芝麻小火烧 ★外酥里嫩, 茶香味美 ★

原料 ★ 调料

面粉·················· 500克
芝麻·················· 20克
干酵母粉·············· 25克
精盐·················· 2小匙
花椒粉·············· 1小匙
孜然·················· 少许
绿茶·················· 10克
蜂蜜·················· 2大匙
芝麻酱·············· 1大匙

制作方法

壹 将芝麻放入干锅中, 上火炒熟, 出锅装碗; 将绿茶放入杯中, 加入适量沸水冲开, 晾凉待用。

贰 将干酵母粉、面粉放在案板上, 加入冲开的绿茶水及适量清水揉搓均匀, 制成绿茶面团。

叁 在绿茶面团上均匀地涂沫上少许植物油, 静置饧发5分钟; 将蜂蜜放入碗中, 加入少许清水调匀成蜂蜜水待用。

肆 待面团饧发, 擀成面皮, 抹上芝麻酱, 撒上精盐、花椒粉、孜然, 卷成卷, 再下成小剂子, 团成火烧生坯。

伍 在火烧生坯表面抹上蜂蜜水, 蘸上熟芝麻 ❶, 放入电饼铛中煎烙至熟, 取出即成。

海鲜伊府面 ★面条软滑，海鲜清香★

原料 ★ 调料

面粉250克，墨鱼100克，净花蛤150克，净虾仁50克，鲜香菇50克，油菜心75克，鸡蛋3个。

葱段、姜片各少许，精盐1小匙，味精少许，料酒1大匙，香油，植物油适量。

制作方法

壹 将面粉放在容器内，加入鸡蛋和少许清水调匀，再揉搓均匀成面团。

贰 墨鱼洗净，剞上一字刀，再片成片，洗净，一分为二；鲜香菇用清水浸泡并洗净，去掉菌蒂，切成丝。

叁 将和好的面团擀成面皮，切成细面条，放入清水锅中煮好，捞出过凉，沥干水分，再放入热油中炸至色泽金黄，捞出沥油。

肆 锅中留底油烧热，加入葱段、姜片炒香，放入花蛤、香菇、墨鱼，加入料酒和少许清水，用旺火煮3分钟。

伍 加入精盐、味精、面条、虾仁、油菜心炒拌均匀，出锅装盘即可。

精选美味家常菜

206

特色大包子 ★馅料丰富, 鲜香适口 ★

原料 ★ 调料

发酵面团400克, 五花肉丁200克, 水发香菇、冬笋、四季豆各75克, 水发粉条段50克, 鸡蛋1/2个。

大葱、姜末10克, 黄酱1大匙, 酱油1/2大匙, 精盐少许, 淀粉2小匙, 白糖少许, 料酒2大匙, 香油3小匙, 水淀粉、植物油各适量。

制作方法

壹 冬笋洗净, 切成小丁; 水发香菇去蒂, 洗净, 切成丁; 豆角撕去豆筋, 切成碎末; 大葱洗净, 切成葱花; 五花肉丁放入容器内, 加入鸡蛋、淀粉搅匀。

贰 锅中加油烧至六成热, 放入葱花炒出香味❗, 再放入肉丁、香菇、冬笋、少许料酒、四季豆炒好后取出备用。

叁 锅中加油烧热, 加入用料酒澥开的黄酱, 加入酱油炒匀, 再加入少许清水、白糖、胡椒粉, 放入炒好的食材和宽粉段。

肆 用水淀粉勾芡, 关火, 淋入香油后出锅, 晾凉成馅料, 炒好的馅料包在擀好的面皮中, 包成包子形状成生坯, 饧5分钟, 放入蒸锅内蒸10分钟至熟即可。

小白菜馅水煎包 ★发酥里嫩，清香味美★

原料 ★ 调料

发酵面团适量，小白菜、粉丝各100克，鲜香菇80克，虾皮50克。

葱末10克，姜末5克，精盐、味精各1/2小匙，香油2小匙，植物油适量。

制作方法

壹 将小白菜洗净，放入沸水锅中焯烫，取出过凉，切成碎末，攥干水分；鲜香菇去蒂，洗净，切成小粒；粉丝用热水泡软，切成小段。

贰 虾皮用热水浸泡一下，捞出沥水，放入热锅中炒干，再加入少许植物油炸香，取出。

叁 小白菜末放入盆中，加入香菇粒、粉丝段、虾皮、味精、精盐、香油搅拌均匀成馅料。

肆 将发酵面团揉匀，搓条、下剂，擀成薄皮，包入适量馅料❶成水煎包生坯。

伍 平底锅置火上，收口朝下放入水煎包，淋入少许植物油烧热，加入清水烧沸，盖上锅盖，煎焖至水分收干，淋入少许油，撒上葱末，出锅装盘即可。

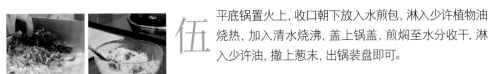

韩式拌意面 ★ 意面软滑, 酱汁浓香 ★

原料 ★ 调料

意大利面300克, 鲜墨斗鱼100克, 黄瓜50克, 白梨1个, 熟芝麻15克。

葱末、蒜末各15克, 精盐、白糖、白醋、香油各2小匙, 味精1小匙, 韩式辣酱2大匙, 辣椒油4小匙。

制作方法

壹 将鲜墨斗鱼洗涤整理干净, 切成细丝; 黄瓜、白梨分别洗净, 均切成细丝。

贰 取小碗, 放入蒜末、葱末, 加入韩式辣酱、精盐、香油、辣椒油、白醋、味精、熟芝麻搅拌均匀成酱汁。

叁 锅置火上, 加入适量清水、少许精盐烧沸, 放入意大利面煮熟, 再放入墨鱼丝煮至熟透, 捞出沥干, 装入碗中晾凉。

肆 然后加入调好的酱汁调拌均匀 ❶, 装入盘中, 撒上黄瓜丝、白梨丝, 即可上桌。

鸡蛋灌饼 ★外酥里嫩，鲜香味美★

原料 ★ 调料

面粉	300克
和好的面团	200克
午餐肉	50克
榨菜	25克
鸡蛋	4个
大葱	25克
精盐	少许
料酒	1小匙
植物油	适量

制作方法

壹 大葱洗净，切成葱花；榨菜用清水浸泡片刻，捞出沥水，切成末。

贰 将午餐肉切成碎末❶，放入大碗内，磕入鸡蛋调拌均匀，再加上切好的榨菜末、料酒和葱花调拌均匀成鸡蛋液。

叁 将面粉放入容器内，加入清水和少许植物油（水和油的比例为2：8）。

肆 充分调拌均匀，再揉搓成油酥面团，然后用和好的面团包起来。

伍 将面团口封紧，放在案板上，用擀面杖擀压后成饼状，电饼铛加热，加上少许植物油，放入面饼生坯烙至起鼓。

陆 用小刀划一开口，灌入调好的鸡蛋液，再烙片刻，取出，装盘上桌即可。

梅干菜包子 ★面皮软糯，鲜嫩咸香★

原料 ★ 调料

发酵面团400克，梅干菜150克，猪肉馅100克，冬笋25克。

小葱50克，姜块10克，味精、胡椒粉、香油各少许，白糖2小匙，料酒、酱油各2大匙，水淀粉1大匙。

制作方法

壹 梅干菜用清水浸泡至软，再换清水反复漂洗干净，捞出沥净水分，切成碎粒；小葱择洗干净，切成末；姜块去皮、洗净，切成碎末；冬笋洗净，切成碎末。

贰 猪肉馅放入容器中，先加入料酒调匀，再放入烧热的油锅中翻炒一下，然后倒入梅干菜末，放入姜末、冬笋末和葱末翻炒均匀。

叁 再加入料酒、酱油、白糖、胡椒粉炒至入味，加入少许清水和味精，最后用水淀粉勾芡，出锅倒入容器中晾凉，加入香油拌匀成馅料。

肆 将发酵面团放在案板上揉匀，揪成小面剂，再擀成面皮，放上馅料，捏褶收口成包子生坯❶，摆放入屉中，静置10分钟，再放入沸水锅中蒸熟，装盘上桌即可。

杂粮羊肉抓饭 ★ 色泽美观，营养均衡 ★

原料 ★ 调料

杂粮米、羊外脊肉、洋葱、胡萝卜各适量。

葱丝、姜丝、小茴香各少许，桂皮2小块，八角2粒，精盐1/2小匙，酱油4大匙，植物油2大匙。

制作方法

壹 胡萝卜洗净，切成小丁；洋葱去皮，洗净，切成小粒；羊外脊肉洗净，切成小丁。

贰 锅置火上，加入少许植物油烧热，先下入羊肉丁煸炒出油，加入精盐炒匀，再放入胡萝卜丁、洋葱粒、八角、小茴香、桂皮，加入适量清水烧沸，煮约3分钟。

叁 然后放入杂粮米炒煮3分钟，倒入电压力锅中蒸煮15分钟至熟，盛入碗中。

肆 锅中加油烧热，先下入葱丝、姜丝炒出香味 🅘，再加入酱油、少许清水烧沸，盛出，倒入米饭碗中即可。

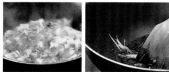

香酥咖喱饺

★ 外酥里嫩, 咖喱香浓 ★

原料 ★ 调料

土豆300克, 春卷皮适量, 猪肉馅100克, 甜玉米粒少许。

大葱、姜块各10克, 精盐1小匙, 味精1/2小匙, 酱油2小匙, 咖喱粉、料酒各1大匙, 植物油适量。

制作方法

壹 将土豆去皮, 洗净, 放入蒸锅中蒸熟, 取出晾凉, 碾成土豆泥; 大葱择洗干净, 切成细末; 姜块去皮, 洗净, 切成细末; 猪肉馅放入碗中, 加入料酒拌匀。

贰 锅中加入适量植物油烧至六成热, 放入猪肉馅、葱末、姜末略炒一下, 再加入咖喱粉、料酒、酱油、精盐及适量清水烧沸。

叁 然后放入土豆泥、甜玉米粒收汁, 加入少许味精炒熟, 出锅晾凉。

肆 取春卷皮, 放上炒好的馅料包好 ❗, 再放入热油锅中炸至金黄色, 出锅装盘即成。

马蹄糕 ★ 软糯适口，甜润清香 ★

原料 ★ 调料

马蹄（荸荠）250克。

绿豆淀粉适量，蜂蜜、香油、植物油各少许。

制作方法

壹 马蹄去皮，洗净，切成薄片；绿豆淀粉加入适量清水搅匀，静置20分钟。

贰 锅置火上，加入半锅清水烧沸，慢慢淋入绿豆淀粉并不停地搅动，再转小火熬至浓稠状时，放入马蹄片搅拌至上劲成糊状。

叁 出锅倒入抹有少许香油的容器中，晾凉后取出，切成长方块。

肆 平底锅置火上，加入少许植物油烧热，放入马蹄糕块，用大火煎至两面呈淡黄色时 ❶，出锅装盘，淋上少许蜂蜜即可。

春季

分类原则 ▼

　　春季养生应以补肝为主，而且要以平补为原则，不能一味使用温补品，以免春季气温上升，加重身体内热，损伤人体正气。春季饮食宜选用较清淡、温和且扶助正气补益元气的食物。如偏于气虚的，可多选用一些健脾益气的食物，如红薯、山药、鸡蛋、鸡肉、鹌鹑肉等。偏于阴气不足的，可选一些益气养阴的食物，如胡萝卜、豆芽、豆腐、莲藕、百合等。

适宜菜肴 ▼

夏季

分类原则 ▼

　　夏季是天阳下济、地热上蒸，万物生长，自然界到处都呈现出茂盛华秀的景象。夏季也是人体新陈代谢量旺盛的时期，阳气外发，伏阴于内，气机宣畅，通泄自如，精神饱满，情绪外向，使"人与天地相应"。夏季饮食养生应坚持四项基本原则，即饮食应以清淡为主，保证充足的维生素和水，保证充足的碳水化合物及适量补充优质的蛋白质，如鱼肉、瘦肉、禽蛋、奶类和豆类等营养物质。

适宜菜肴 ▼

秋季

分类原则 ▼

　　秋季阴气渐渐增长，气候由热转寒，此时万物成熟，果实累累，正是收获的季节。人体的生理活动也要适应自然环境的变化。秋季以润燥滋阴为主，其中养阴是关键。秋季易出现体重减轻、倦怠无力、讷呆等气阴两虚的症状，人体会发生一些"秋燥"的反应，如口干舌燥等秋燥易伤津液等，因此秋季饮食应多食核桃、银耳、百合、糯米、蜂蜜、豆浆、梨、甘蔗、乌鸡、莲藕、萝卜、番茄等食物。

适宜菜肴 ▼

◂ 虾油粉丝包菜 37 ／炝拌三丝 40 ／鸡汁土豆泥 58 ／培根豆沙卷 79 ／金沙蒜香骨 84 ／
果酱猪排 85 ／香煎羊肉豆皮卷 100 ／豉椒泡菜白切鸡 108 ／百叶结虎皮蛋 121 ／
杭州酱鸭腿 122 ／剁椒百花豆腐 125 ／茶香三杯鸡 126 ／香焖腐竹煲 140 ／
奶油鲜蔬鸡块 144 ／酒酿鲈鱼 151 ／锅包鱼片 160 ／葱油香菌鱼片 165 ／
避风塘带鱼 175 ／双色菊花酥 193 ／咖喱牛肉饭 202 ／海鲜伊府面 206

冬季

分类原则 ▼

　　冬季是一年中气候最寒冷的时节，也是一年中最适合饮食调理与进补的时期。冬季进补能提高人体的免疫功能，促进新陈代谢，还能调节体内的物质代谢，有助于体内阳气的升发，为来年的身体健康打好基础。冬季饮食调理应顺应自然，注意养阳，以滋补为主，在膳食中应多吃温性，热性特别是温补肾阳的食物进行调理。以提高机体的耐寒能力。

适宜菜肴 ▼

◂ 酸辣魔芋丝 45 ／巧炒醋熘白菜 59 ／
奶油时蔬火锅 61 ／芋薯扣肉 72 ／
京味洋葱烤肉 76 ／海带结红烧肉 83 ／
红焖羊腿 92 ／羊肉炖茄子 96 ／
茶香栗子炖牛腩 101 ／火爆腰花 104 ／
葱烧皮蛋木耳 110 ／酒香红曲脆皮鸡 130 ／
三香爆鸭肉 137 ／梅干菜烧鸭腿 142 ／
芝麻鸡肝 146 ／羊汤酸菜番茄鱼 157 ／
酸辣墨鱼豆腐煲 179 ／桂圆鱼头猪骨煲 184 ／
牛肉酥饼 186 ／糯米烧卖 195 ／
杂粮羊肉抓饭 213

217

少年

分类原则 ▾

少年是儿童进入成年的过渡期，此阶段少年体格发育速度加快，身高、体重突发性增长是其重要特征。此外少年还要承担学习任务和适度体育锻炼，故充足营养是体格及性征迅速生长发育、增强体魄、获得知识的物质基础。少年的饮食要注意平衡，鼓励多吃谷类，以供给充足能量；保证鱼、禽、肉、蛋、奶、豆类和蔬菜供给，满足少年对蛋白质、钙、铁和维生素的需求。

适宜菜肴 ▾

女性

分类原则 ▾

女性有着与男性不同的营养需要。女性可能需要很少的热量和脂肪，少量的优质蛋白质，同量或多一些的其它微量元素等。很多女性由于工作节奏快或者学习压力大，常常无暇顾及饮食营养和健康，有时候常吃快餐或方便食品，因而造成营养不平衡，时间长了必然会影响身体健康。女性饮食包括适量的蛋白质和蔬菜，一些谷物和相当少量的水果和甜食。此外大量的矿物质尤为适应女性。

适宜菜肴 ▾

男性

分类原则 ▼

　　男性如果对自身营养关注不够，很容易发生因营养失衡而引起的一系列生活方式疾病。因此，关注男性营养，养成健康的饮食习惯，对于保护和促进其健康水平，保持旺盛的工作能力极为重要。男性在营养平衡的基础上，其基本膳食准则为节制饮食、规律饮食和加强运动。一般男性应该控制热能摄入，保持适宜蛋白质、脂肪、碳水化合物供能比，并增加膳食中钙、镁、锌摄入，以利于身体健康。

适宜菜肴 ▼

▸ 萝卜干腊肉炝芹菜 36 ／回锅菜花 46 ／丝瓜烧塞肉面筋 60 ／苦瓜炒牛肉 71 ／
沙茶牛肚煲 75 ／海带结红烧肉 83 ／新派孜然羊肉 87 ／爽口腰花 99 ／
火爆腰花 104 ／豉椒泡菜白切鸡 108 ／葱烧皮蛋木耳 110 ／香辣蒜味鸡 127 ／
火爆鸡心 134 ／梅干菜烧鸭腿 142 ／温拌蜇头蛏子 155 ／韭香油爆虾 156 ／
蒜烧鳝鱼 174 ／火爆鱿鱼 180 ／咖喱牛肉饭 202 ／海鲜伊府面 206 ／梅干菜包子 212

老年

分类原则 ▼

　　老年期对各种营养素有了特殊的需要，但营养平衡仍是老年人饮食营养的关键。老年营养平衡总的原则是应该热能不高；蛋白质质量高，数量充足；动物脂肪、糖类少；维生素和矿物质充足。所以据此可归纳为三低（低脂肪、低热能、低糖）、一高（高蛋白）、两充足（充足的维生素和矿物质），还要有适量的食物纤维素，这样才能维持机体的营养平衡。

适宜菜肴 ▼

▸ 油吃鲜蘑 34 ／丁藕丸子 47 ／
鸡汁芋头烩豌豆 50 ／粉蒸南瓜 65 ／
素咕咾肉 66 ／芋薯扣肉 72 ／红焖羊腿 92 ／
羊肉炖茄子 96 ／黄豆笋衣炖排骨 97 ／
腐乳烧素什锦 113 ／参须枸杞炖老鸡 118 ／
爆锤桃仁鸡片 123 ／三香爆鸭肉 137 ／
腐乳醉虾 170 ／芦蒿豆干鱿鱼丝 172 ／
酱瓜虾仁 177 ／鱼面筋烧冬瓜 183 ／
桂圆鱼头猪骨煲 184 ／牛肉酥饼 186 ／
翡翠拨鱼 196 ／奶油发糕 200

拌

分类原则 ▼

拌是将各种生料或熟料，经加工成为较小的丁、丝、片、块、条或特殊形状，加入各种调味品拌制而成。拌菜具有用料广泛、制作精细、味型多样、品种丰富、开胃爽口、增进食欲等特点，为家庭中比较常见的烹调技法之一。

适宜菜肴 ▼

炒

分类原则 ▼

炒是将原料放入少许油的热锅里，以旺火迅速翻拌，调味，勾芡使原料快速成熟的一种烹调方法。炒的分类方法很多，不同的类型有不同的标准。炒菜的主要技术特点要求旺火速成，紧油包芡，光润饱满，清鲜软嫩。

适宜菜肴 ▼

炸

分类原则 ▼

炸是用以多许食用油用旺火加热使原料成熟的烹调方法。炸的原料要求油量较多，油温高低视所炸的食物而定，一般采用温油、热油、烈油等多种油温。另外炸的原料加热前一般需要调味或加热后带调味品一起上桌。

适宜菜肴 ▼

蒸

分类原则 ▼

　　我国素有"无菜不蒸"的说法。蒸菜是将生料经过初步加工，加入各种调料调味，再用蒸汽加热至成熟和酥烂，原汁原味，味鲜汤纯的一种烹调方法。蒸比煮的时间要短，速度快，可以避免可溶性营养素和鲜味的损失，保持菜肴的营养和口味。

适宜菜肴 ▼

▲ 粉蒸南瓜 65 ／肉羹太阳蛋 68 ／芋薯扣肉 72 ／如意蛋卷 103 ／杭州酱鸭腿 122 ／
剁椒百花豆腐 125 ／酒酿鲈鱼 151 ／煎蒸银鳕鱼 158 ／豉椒粉丝蒸扇贝 159 ／咸菜蒸鱼 182 ／
糯米烧卖 195 ／奶油发糕 200 ／特色大包子 207 ／梅干菜包子 212 ／杂粮羊肉抓饭 213

煮

分类原则 ▼

　　煮是将生料或经过初步熟处理的半成品，放入适量汤汁或清水中，先用旺火烧沸，再转中、小火煮熟的一种烹调方法。煮的方法应用相当广泛，既可独立用于制作菜肴，又可与其他烹调方法配合制作菜肴，还常用于制作和提取鲜汤，又用于面点制作等，因其加工、食用等方法的不同，其成品的特点各异。

适宜菜肴 ▼

▲ 酸辣魔芋丝 45 ／奶油番茄汤 48 ／蚕豆奶油南瓜羹 49 ／丝瓜绿豆猪肝汤 73 ／
羊肉香菜丸子 80 ／榨菜狮子头 90 ／虫草花龙骨汤 91 ／卤煮肥肠 94 ／
韭菜鸭红凤尾汤 128 ／大酱花蛤豆腐汤 135 ／丝瓜豆腐灌蛋 141 ／羊汤酸菜番茄鱼 157 ／
苦瓜鲈鱼汤 169 ／酸辣墨鱼豆腐煲 179 ／桂圆鱼头猪骨煲 184

烧

分类原则 ▼

　　烧菜是家庭中使用较多的方法，是将经过炸、煎、煮或蒸的原料，放入烹制好的汤汁锅里，用旺火烧沸，再转中、小火烧至入味，最后用旺火收稠汤汁或勾芡而成。烧是各种烹调技法中最复杂的一种，也是最讲究火候的，其运用火候的技巧也是最为精湛的，成品具有质地软嫩，口味浓郁的特点。

适宜菜肴 ▼

▲ 牛肉末烧小萝卜 28 ／鱼香脆茄子 33 ／丝瓜烧塞肉面筋 60 ／沙茶牛肚煲 75 ／
香辣美容蹄 77 ／海带结红烧肉 83 ／葱烧皮蛋木耳 110 ／腐乳烧素什锦 113 ／
虾干时蔬腐竹煲 114 ／醪糟腐乳翅 120 ／百叶结虎皮蛋 121 ／烧鸡公 139 ／
梅干菜烧鸭腿 142 ／蒜烧鳝鱼 174 ／鱼面筋烧冬瓜 183

简单的酿皮/26

牛肉末烧小萝卜/28

浪漫藕片/29

蒜蓉番茄/30

姜汁炝芦笋/31

鱼香脆茄子/33

油吃鲜蘑/34

家常素丸子/35

萝卜干腊肉炝芹菜/36

虾油粉丝包菜/37

洋芋礤礤/38

炝拌三丝/40

朝鲜辣酱黄瓜卷/41

糖醋素排骨/42

青椒炒土豆丝/43

酸辣魔芋丝/45

回锅菜花/46

丁藕丸子/47

奶油番茄汤/48

蚕豆奶油南瓜羹/49

鸡汁芋头烩豌豆/50

珊瑚苦瓜/52

椒麻土豆丸/53

八宝炒酱瓜/54

酱拌茄子/55

家常藕夹/57

鸡汁土豆泥/58

巧炒醋熘白菜/59

丝瓜烧塞肉面筋/60

奶油时蔬火锅/61

双瓜熘肉片/62

樱桃炒三脆/64

粉蒸南瓜/65

素咕咾肉/66

肉羹太阳蛋/68

新派蒜泥白肉/70

苦瓜炒牛肉/71

芋薯扣肉/72

丝瓜绿豆猪肝汤/73

沙茶牛肚煲/75

京味洋葱烤肉/76

香辣美容蹄/77

家常叉烧肉/78

培根豆沙卷/79

羊肉香菜丸子/80

香干回锅肉/82

海带结红烧肉/83

金沙蒜香骨/84

果酱猪排/85

新派孜然羊肉/87

日式照烧丸子/88

炒烤羊肉/89

榨菜狮子头/90

虫草花龙骨汤/91

红焖羊腿/92

卤煮肥肠/94

菠萝牛肉松/95

羊肉炖茄子/96

黄豆笋衣炖排骨/97

爽口腰花/99

香煎羊肉豆皮卷/100

茶香栗子炖牛腩/101

酱爆猪肝/102

如意蛋卷/103

火爆腰花/104

口水鸡/106

豉椒泡菜白切鸡/108

辣豆豉炒荷包蛋/109

葱烧皮蛋木耳/110

香椿鸡柳/111

腐乳烧素什锦/113

虾干时蔬腐竹煲/114

九转素肥肠/115

海米锅㶽豆腐/116

糟熘鸡片/117

参须枸杞炖老鸡/118

醪糟腐乳翅/120

百叶结虎皮蛋/121

杭州酱鸭腿/122

爆锤桃仁鸡片/123

剁椒百花豆腐/125

茶香三杯鸡/126

香辣蒜味鸡/127

韭菜鸭红凤尾汤/128

香辣鸭脖/129

酒香红曲脆皮鸡/130

豉椒香干炒鸡片/132

家常香卤豆花/133

火爆鸡心/134

大酱花蛤豆腐汤/135

三香爆鸭肉/137

鲜蔬鸡肉/138

烧鸡公/139

香焖腐竹煲/140

丝瓜豆腐灌蛋/141

梅干菜烧鸭腿/142

奶油鲜蔬鸡块/144

吉利豆腐丸子/145

芝麻鸡肝/146

时蔬三文鱼沙拉/148

蛋黄文蛤水晶粉/150

酒酿鲈鱼/151

海蜇皮拌白菜心/152

肉丝炒海带丝/153

温拌蜇头蛏子/155

韭香油爆虾/156

羊汤酸菜番茄鱼/157

煎蒸银鳕鱼/158

豉椒粉丝蒸扇贝/159

锅包鱼片/160

金丝虾球/162

辣豉平鱼/163

油爆河虾/164

葱油香菌鱼片/165

饭酥虾仁豆腐/167

鸡米豌豆烩虾仁/168

腐乳醉虾/170

烧汁煎贝腐/171

苦瓜鲈鱼汤/169

芦蒿豆干鱿鱼丝/172

蒜烧鳝鱼/174

避风塘带鱼/175

麻辣虾/176

酱瓜虾仁/177

酸辣墨鱼豆腐煲/179

火爆鱿鱼/180

香辣螺蛳/181

咸菜蒸鱼/182

鱼面筋烧冬瓜/183

桂圆鱼头猪骨煲/184

牛肉酥饼/186

茶香炒饭/188

台式卤肉饭/189

番茄麻辣凉面/190

芹菜鸡肉饺/191

双色菊花酥/193

牛肉茄子馅饼/194

糯米烧卖/195

翡翠拨鱼/196

羊肉胡萝卜锅贴/197

虾肉大云吞/198

奶油发糕/200

鱿鱼饭筒/201

咖喱牛肉饭/202

意式肉酱面/203

茶香芝麻小火烧/205

海鲜伊府面/206

特色大包子/207

小白菜馅水煎包/208

韩式拌意面/209

鸡蛋灌饼/210

梅干菜包子/212

杂粮羊肉抓饭/213

香酥咖喱饺/214

马蹄糕/215

让我们美味共享

对于初学者，需要多长时间才能学会家常菜，是他们最关心的问题。为此，我们特意编写了《吉科食尚—7天学会》系列图书。只要您按照本套图书的时间安排，7天就可以轻松学会多款家常菜。

《吉科食尚—7天学会》针对烹饪初学者，首先用2天时间，为您分步介绍新手下厨需要了解和掌握的基础常识。随后的5天，我们遵循家常菜简单、实用、经典的原则，选取一些食材易于购买、操作方法简单、被大家熟知的菜肴，详细地加以介绍，使您能够在7天中制作出美味佳肴。

❀全国各大书店、网上商城火爆热销中❀

《新编家常菜大全》是一本内容丰富、功能全面的烹饪书。本书选取了家庭中最为常见的100种食材，分为蔬菜、食用菌豆制品、畜肉、禽蛋、水产品和米面杂粮六个篇章，首先用简洁的文字，介绍每种食材的营养成分、食疗功效、食材搭配、选购储存、烹调应用等，使您对食材深入了解。随后我们根据食材的特点，分别介绍多款不同口味，不同技法的家常菜例，让您能够在家中烹调出自己喜欢的多款美食。

《不时不食的24节气美味攻略》

　　本书以传统节气为主线,首先为读者介绍了关于每个节气的常识,如该节气的时间、黄经、意义、属性、气候特点、饮食养生、民俗风情等,使您对节气有所了解。随后我们根据该节气的特点,有针对性地介绍了多款家常实用菜肴。选取的每道菜肴都配以精美的图片,而对于一些深受大家喜欢的菜肴,我们还配以制作步骤图片并加以步步详解,简单、明了,一看就会,既做到色香味美,又可达到营养均衡的效果。

《阿生老火滋补靓汤》

　　老火汤流传了几百上千年,一直是广东人的心头至爱,每个广东人也都有老火汤的"一本经",比如"宁可食无菜,不可食无汤","不会吃的吃肉,会吃的喝汤","春天养肝,夏天祛湿,秋天润肺,冬天补肾","慢火煲煮,火候足,时间长,入口香甜"等。大家不仅爱老火汤的美味,更以此作为补益养生之道。作为广东餐饮文化之精髓的老火汤,不仅在广东人心中扎根,也在全国各地流传开来。为什么老火汤能具有如此巨大的影响力,是因为它的美味还是因为它的食疗功效?我觉得都不是,真正的原因是这碗老火汤背后所承载的款款浓情,无法替代的亲情,这才是老火汤的真正内涵。

《铁钢老师的家常菜》

　　家常菜来自民间广大的人民群众中,有着深厚的底蕴,也深受大众的喜爱。家常菜的范围很广,即使是著名的八大菜系、宫廷珍馐,其根本元素还是家常菜,只不过氛围不同而已。我们通过本书介绍给您的家常菜,是集八方美食精选,去繁化简、去糟求精。我也想通过我们的努力,使您的餐桌上增添一道亮丽的风景线,为您的健康尽一点绵薄之力。

　　本书通过对食材制法、主配料、调味品的解析,使您了解烹调的方法并进行精确的操作,一切以实际出发,运用绿色食材、加以简洁的制法,烹出纯朴的味道,是我们的追求,同时也是为人民健康服务的动力源泉。

投稿热线: 0431-85635186　18686662948　QQ: 747830032

吉林科学技术出版社旗舰店 jlkxjs.tmall.com

图书在版编目（ＣＩＰ）数据

精选美味家常菜 / 我家厨房栏目组主编. -- 长春 ：
吉林科学技术出版社，2014.2
ISBN 978-7-5384-7442-8

Ⅰ．①精… Ⅱ．①我… Ⅲ．①家常菜肴—菜谱 Ⅳ．
①TS972.12

中国版本图书馆CIP数据核字(2014)第012672号

精选美味家常菜
JINGXUAN MEIWEI JIACHANGCAI

主　　编	我家厨房栏目组
出 版 人	李　梁
策划责任编辑	张恩来
执行责任编辑	赵　渤
封面设计	雅硕图文工作室
制　　版	雅硕图文工作室
开　　本	720mm×1000mm　1/16
字　　数	250千字
印　　张	15
印　　数	15 001-25 000册
版　　次	2014年8月第2版
印　　次	2014年8月第1次印刷
出　　版	吉林科学技术出版社
发　　行	吉林科学技术出版社
地　　址	长春市人民大街4646号
邮　　编	130021

发行部电话/传真　0431-85677817　85635177　85651759
　　　　　　　　　　85651628　85600611　85670016
储运部电话　0431-86059116
编辑部电话　0431-85635186
网　　址　www.jlstp.net
印　　刷　沈阳天择彩色广告印刷股份有限公司
书　　号　ISBN 978-7-5384-7442-8
定　　价　35.00元